DEUTSCHE TRAKTOREN 2

1920 – 1970

Von Aktivist bis Zanker

Udo Paulitz

HEEL

Impressum

HEEL Verlag GmbH
Gut Pottscheidt
53639 Königswinter
Telefon 0 22 23 / 92 30-0
Telefax 0 22 23 / 92 30 26
E-Mail: info@heel-verlag.de
Internet: www.heel-verlag.de

Verantwortlich für den Inhalt: Udo Paulitz

Lektorat: Joachim Hack, Bad Honnef
Satz und Gestaltung: Olaf Schumacher ArtWork, Königswinter
Lithographie: Collibri PrePress GmbH, Königswinter
Druck: Koelblin-Fortuna-Druck, Baden-Baden

Printed and bound in Germany

ISBN: 3-89880-161-6

UDO PAULITZ

DEUTSCHE TRAKTOREN 2

1920 – 1970

VON AKTIVIST BIS ZANKER

HEEL

Vor der schönen Kulisse des restaurierten Verwaltungsgebäudes der ehemaligen Schachtanlage Zollern II im Westfälischen Industriemuseum in Dortmund-Bövinghausen präsentiert sich dieser 1942 von der Firma MBA (Maschinenbau und Bahnbedarf AG), vormals Orenstein & Koppel im Werk Nordhausen/Harz hergestellte 30-PS-MBA-Schlepper des Typs SA 751. In diesem sehr modern konzipierten, seit 1938 gefertigten Schlepper, übertrug ein Vierganggetriebe die Kraft des aus eigener Fertigung stammenden wassergekühlten Zweizylinder-Viertakt-Wirbelkammer-Dieselmotors stehender Bauart mit 3529 cm^3 Rauminhalt auf die Hinterräder. Anstelle der bisherigen kantig-markanten Motorverkleidung hatte das 2340 kg wiegende Fahrzeug ab 1941 – wie hier gezeigt – eine solche runde Formgebung erhalten, die auch für den späteren DDR-Schlepper „Brockenhexe" verwendet werden sollte. Der in rahmenloser Blockbauweise entworfene Traktor konnte auf „ebener, befestigter und trockener" Straße 24 t Anhängelast ziehen und erreichte mit 15,8 km/h seine größtmögliche Geschwindigkeit. Seine Kunden schätzten an diesem nicht nur für Feldarbeiten, sondern ebenso als Zugmaschine für Transport und Gewerbe verwendbaren Schlepper Solidität, gute Verarbeitung und Zuverlässigkeit.

INHALT

VORWORT

Als ich vor fast zwei Jahren das Material für mein im gleichen Verlag erschienenes Buch „Deutsche Traktoren - Von Allgaier bis Zettelmeyer" sichtete, wurde mir bald klar, dass ein Anschlussband in gleicher Aufmachung folgen müsste. Da dem Umfang eines Buches nicht zuletzt aus Rücksicht auf den daraus resultierenden Verkaufspreis und damit seiner Absatzfähigkeit zwangsläufig gewisse Grenzen gesetzt sind, war die Zahl der Typen, vor allem auch jener vielen kleinen Schlepperhersteller, die aus genannten Gründen in diesem Band nicht aufgenommen werden konnten, sehr groß. Ebenso fehlten die Traktoren aus der ehemaligen DDR.

Die sehr positive Aufnahme dieses Buches seitens der Leserschaft haben den Verlag dazu bewogen, meinem Wunsch zu entsprechen und einen weiteren Band ähnlicher Konzeption zu veröffentlichen. Beide Bücher ergänzen sich sinnvoll, können aber doch unabhängig voneinander gelesen werden.

Auch dieses neue Werk zeigt weit mehr als 300 Farbabbildungen von Traktoren, die mit zum Teil sehr erheblichem Arbeitsaufwand fast ausschließlich durch private Initiative liebevoll restauriert worden sind und oft in ihrem jetzigen Erscheinungsbild dem originalen Auslieferungszustand entsprechen. Es sind von Idealisten gehegte und gepflegte Maschinen einer faszinierenden Entwicklung – von der Zeit unmittelbar nach dem Ersten Weltkrieg bis zum Ende der 60er-Jahre –, die damit ein wesentliches Stück Technik- und Kulturgeschichte sichtbar machen. Was dieses Buch – ebenso wie mein erstes – von manchen anderen Bildwerken dieses Interessengebiets unterscheidet, ist in erster Linie die Qualität der darin gezeigten Farbabbildungen. Die Fahrzeuge wurden in jedem Fall einzeln fotografiert und so gut, wie es die örtlichen Gegebenheiten hinsichtlich Gestaltung, Motiv, Hintergrund und Beleuchtung zuließen, in Szene gerückt. Weil daneben aber auch die technische Beschreibung nicht zu kurz kommt, hoffe ich, mit den vorgelegten Ergebnissen nicht nur die fotografisch anspruchsvolleren Leser unter den Schlepperfreunden – ob Newcomer oder versierter Fachmann – zufrieden stellen zu können.

Wie bereits angedeutet sollen hier in erster Linie kleinere, vielfach nur regional oder zeitweise bedeutende sowie heute fast schon in Vergessenheit geratene Herstellerfirmen mit ihren Produkten abgebildet und beschrieben werden. Die meisten dieser Firmen existieren mittlerweile schon lange nicht mehr und von manchen der teilweise in Handarbeit, Einzelanfertigung oder Kleinserie gebauten Fahrzeuge haben nur wenige überlebt. Daher ist in diesem Buch – in dem auch im ersten Band enthaltene Firmen mit in der Mehrzahl aber noch nicht vorgestellten Modellen vorkommen – neben bekannteren Typen auch so manche Rarität zu finden.

An dieser Stelle sei ein kurzer geschichtlicher Rückblick gestattet, der bei jenen unmittelbar dem Ersten Weltkrieg folgenden wirtschaftlich schwierigen Jahren beginnen soll. Der Wunsch nach einer Kraftmaschine für die Mechanisierung der Landwirtschaft, die nicht nur wie die gewaltigen Tragpflüge als Einzweckmaschine zum Pflügen geeignet, sondern universell als Zug- und Antriebsmaschine fungieren konnte, wurde damals immer größer. In dieser Zeit wetteiferten originelle, jedoch nicht immer praktikable Ideen und Entwürfe mit Konstruktionen, die durchaus entwicklungsfähig und zukunftsweisend waren. Der berühmte, zunächst nur für Exportzwecke nach England vorgesehene Fordson-Traktor des Jahres 1917, war zweifelsohne eine in mehrfacher Hinsicht Richtung weisende Konstruktion, welche die weitere Entwicklung dieses Nutzfahrzeugs nachhaltig mit den in ihren Grundzügen bis heute gültigen Merkmalen vorantrieb. Das durch neuartige Fließbandfertigung und Großserie überaus kostengünstig angebotene Fahrzeug bedeutete konzeptionell geradezu eine Revolution und trug maßgeblich dazu bei, auch im Deutschen Reich die Weichen zu einer Umorientierung zu stellen. Die dadurch angeregten Konstruktionen waren – wenngleich mit einigen Jahren Verspätung – in der Lage, die Mechanisierung zunächst der größeren deutschen Landwirtschaftsbetriebe in die Wege zu leiten.

Mit dem 1921 vorgestellten Lanz-Bulldog des Typs HL mit seinem unempfindlichen Glühkopfmotor wurde erstmals auch weniger finanzkräftigen Landwirten eine robuste und preiswerte selbstfahrende Arbeitsmaschine angeboten und damit die rund 40-jährige Produktionsdauer dieses ständig weiterentwickelten Antriebssystems eingeleitet. Die ersten richtigen, auf dem amerikanischen Fordson-Traktor basierenden, zusätzlich für Feld- und Transportarbeiten geeigneten Traktoren waren sowohl der ab 1925 fabrizierte WD-Radschlepper R 28 von Hanomag als auch der ein Jahr später vorgestellte 22/28-PS-Großbulldog und seine Folgemuster von Lanz. Auch andere deutsche Unternehmen – und nicht nur die großen – waren an der kontinuierlichen Weiterentwicklung des Schleppers beteiligt. Deutz begann im Jahr 1934 mit dem Bau seiner berühmten „Stahlschlepper", denen zwei Jahre später ein noch wichtigeres Modell, der bekannte „Elfer" folgte, ein einfacher, solider und preiswerter Bauernschlepper, der gerade in Kleinbetrieben einen nachhaltigen Motorisierungsschub einleitete.

Trotz der nach dem letzten Krieg überaus schwierigen Lebensbedingungen in allen Bereichen, gingen Optimismus und Improvisationstalent der Techniker nicht verloren. Besonders nach der Währungsreform kam vor allem auf dem Sektor der Kleinschlepper eine stürmische Entwicklung in Gang. Nicht zuletzt der einsetzende, besser unter dem Begriff „Landflucht" bekannte Strukturwandel in der Landwirtschaft verhalf der Motorisierung jetzt zum endgültigen Durchbruch. Der herrschende Arbeitskräftemangel zwang auch den letzten Kleinbauern dazu, seine Rösser auszuspannen und einen Schlepper zu kaufen, wollte er die anfallenden Arbeiten noch bewältigen. Zu jener Zeit drängten auch viele neue Anbieter auf den Markt, um an dem scheinbar ewig anhaltenden Schlepperboom partizipieren zu können. Zu einem erheblichen Teil handelte es sich dabei um Kleinhersteller. Einige besaßen durch Motoren- oder Landmaschinenbau bereits Berührungspunkte zu der Branche, andere, wie etwa die Firma Zanker, waren völlige Neulinge. Dabei darf aber nicht übersehen werden, dass gerade auch von Kleinherstellern so manche innovative und fortschrittliche Technik ausging und in die Tat umgesetzt wurde. Denn wie so oft erwies es sich auch hier, dass kleine Firmen sehr viel flexibler als Großunternehmen reagieren konnten. Viele Entwicklungen, wie beispielsweise die zu ihrer Zeit überaus fortschrittlichen Allradschlepper von Nordtrak, kamen über wenig profitable Kleinserien nicht hinaus.

Aber schon in der zweiten Hälfte der 50er-Jahre trat, schneller als erwartet, eine Marktsättigung besonders bei den Klein- und Konfektionsschleppern ein. Damals begann das große Herstellersterben. Zuerst traf es zumeist kleinere, oft nur regional bedeutende Unternehmen, vielfach auch Neulinge der Branche, die infolge ihres zu geringen Bekanntheitsgrades, des unzureichenden Händlernetzes sowie zu kleiner Serien mit nur einseitig ausgelegten Fertigungsprogrammen und nicht zuletzt aus Gründen der zu knappen Kapitalausstattung nicht mehr mithalten konnten.

Dem in den 60er-Jahren verstärkt einsetzenden Verdrängungswettbewerb bei stagnierendem, teilweise sogar schrumpfendem Marktvolumen, der durch das verstärkte Erscheinen neuer Konkurrenten aus dem Ausland noch beschleunigt wurde, fielen schließlich auch große, namhafte und traditionelle Hersteller zum Opfer. Besonders die ständig steigenden Entwicklungskosten neuer, wettbewerbsfähiger Schlepper und ein gnadenloser Preiskampf nötigten viele Firmen zur Aufgabe ihrer Schlepperfertigung und ließen bis heute nur noch wenige große, globalisiert auftretende Hersteller überleben.

Einer völlig anders gearteten Situation standen sich Landwirtschaft und Schlepperbau in der früheren Sowjetischen Besatzungszone und späteren DDR gegenüber. Hier waren die Umstände noch ungünstiger und schwieriger als im Westen, was auf viele Ursachen, die hier aber nicht näher betrachtet werden können, zurückzuführen war. Um dem gewaltigen Schleppermangel schnell abhelfen zu können, mussten die schon bald als Volkseigene Betriebe geführten Hersteller viel häufiger als im Westen zunächst auf weitgehend unveränderte Vorkriegsentwürfe zurückgreifen. Das soll aber keineswegs heißen, dass die in Mitteldeutschland verbliebenen Techniker und Ingenieure keine hochwertigen und Weg weisenden Neuentwicklungen hervorbringen konnten. Ganz im Gegenteil: einige herausragende Pionierleistungen, wie etwa der fortschrittliche Geräteträger „Maulwurf", kamen aus der DDR. Und wenn auch manchen Konstruktionen infolge der allgegenwärtigen Mangelwirtschaft, wie beispielsweise durch das Fehlen geeigneter Motoren, der volle Erfolg versagt blieb, so sind doch – und das soll an dieser Stelle nachdrücklich gesagt werden – die unter diesen Bedingungen tatsächlich erzielten technischen Leistungen uneingeschränkt anzuerkennen und zu bewundern.

Lassen Sie nun, liebe Leser, sei es beim Blättern und Betrachten der Bilder oder beim Lesen der Texte, nostalgische Erinnerungen wach werden an eine Zeit, die zwar von schwerer körperlicher Arbeit geprägt war, die Menschen aber vom mindestens ebenso schädlichen, heute allgegenwärtigen Leistungsdruck weitgehend verschont hat. Eine Zeit, in der weder High-tech noch Massenkonsum oder Computer den Menschen beherrschten, sondern uns heute oft schon fremd vorkommende Werte und eine noch überschaubare Technik das Sagen hatten.

In diesem Sinne wünsche ich Ihnen viel Freude an diesem Buch.

ALLGAIER

DIESE DOPPELSEITE

Die in der ersten Hälfte der fünfziger Jahre zu den bedeutendsten Schlepperherstellern in Deutschland zählende, in Uhingen/Württ. ansässige Allgaier-Werkzeugbau GmbH ging im Jahr 1906 aus bescheidenen Anfängen als Hersteller einfacher Schnitt- und Stanzwerkzeuge hervor. Nach Kriegsende konnte das kleine Unternehmen im Herbst 1945 die Fertigung von Eisenerzeugnissen wieder aufnehmen. Der Sohn des Firmengründers, Erwin Allgaier, begann eine Zusammenarbeit mit der Firma Kaelble mit dem Ziel, einen Dieselmotor mit Verdampfungskühlung zur Serienreife zu bringen. Hierbei handelte es sich um einen von Kaelble entwickelten liegenden 18-PS-Einzylinder-Viertakt-Wirbelkammermotor, bei dem rechts seitlich eine Riemenscheibe für stationären Antrieb und links eine Keilriemenscheibe mit drei Keilriemen für den Fahrbetrieb saß. Auf ein Fahrwerk mit Stahlrahmen gesetzt, entstand 1947 daraus der erste Allgaier Ackerschlepper des Typs R 18. Dieser wurde aus Kostengründen ohne Motorverkleidung geliefert. Seine einfache und solide Konstruktion waren die hauptsächlichen Vorzüge, und der R 18 bewährte sich so gut, dass von Seiten der Kunden der Wunsch nach stärkerer Motorisierung laut wurde. Mit dem 22-PS-Modell R 22 des Jah-

res 1949, das bis auf die größeren Hinterräder, eine erhöhte Bodenfreiheit und die leicht verrundete Ausführung des Wasserkastens nahezu unverändert geblieben war, wurde diesem entsprochen. Bei günstigen Verkaufspreisen konnte Allgaier schon bald auf vergleichsweise ansehnliche Produktionsergebnisse beider Typen stolz sein. Der Motor des stärkeren von beiden wies einen Hubraum von 1840 cm^3 auf, aus dem er seine Höchstleistung von 22 PS bei 1500 U/min hervorholte. Das Getriebe verfügte über vier Vorwärts- und einen Rückwärtsgang, und man sah diesem eher anachronistisch wirkenden 1500 kg schweren Vehikel nicht an, dass es eine Spitzengeschwindigkeit von immerhin 19,8 km/h entwickeln konnte. Auf diesen Seiten ist ein R 22 aus dem Jahr 1952 zu sehen.

RECHTS

Schon bald wurden die ersten mit Motorverkleidungen versehenen Allgaier-Schlepper auf den Markt gebracht. Pünktlich zur 1950 in Frankfurt stattfindenden DLG-Ausstellung hatten die Allgaier-Werke eine herausragende Neuigkeit parat. Es war die optimierte Ausführung eines seinerzeit von Prof. Ferdinand Porsche entwickelten und durch den Krieg nicht mehr realisierten Volksschleppers, dessen Konstruktionsunterlagen Allgaier übernommen hatte, fertig gestellt. Der jetzt unter der Modellbezeichnung AP 17 angebotene Schlepper war eine der großen Sensationen dieser Messe – und das nicht allein seines überaus günstigen Preises wegen. Mit fortschrittlichen Merkmalen und einer Fülle technisch Weg weisender Neuheiten wie der teilweisen Fertigung aus Gewicht sparendem Aluminiumspritzguss, der Ölschleuder des Motors, deren Reinigungswirkung den Ölwechsel weitgehend überflüssig machte, der ölhydraulischen Anfahr-Turbokupplung, sowie des serienmäßigen elektrischen Anlassers und der Spurverstellung stand diese mit einem 18 PS starken luftgekühlten Zweizylinder-Viertakt-Dieseltriebwerk mit 1374 cm^3 Hubvolumen bestückte Neuerscheinung stets im Mittelpunkt des Interesses. In diesen blockkonstruierten, nur 950 kg schweren, bis maximal 25 km/h schnellen Traktor war ein Fünfganggetriebe eingebaut, und eine Vorderachse in Portalbauweise sorgte für eine beachtlich große Bodenfreiheit. Sein in dieser Leistungsklasse geradezu sensationell günstiger Preis zwang manche Konkurrenten bereits während der Ausstellung dazu, ihre Preise diesem Niveau anzupassen. Mit insgesamt rund 9000 gefertigten Einheiten war dem AP 17 ein beachtlicher Markterfolg beschieden. Hier abgebildet ist ein 1950 gebautes Exemplar in verbesserter Ausführung mit neuer Lenkung.

RECHTS UNTEN

Bei dem ab Herbst 1952 lieferbaren Allgaier-Porsche-Schlepper AP 22 handelte es sich zwar um eine äußerlich identische, motorisch allerdings um vier PS leistungsstärkere Ausführung des Erfolgsmodells AP 17. Die höhere Motorleistung des luftgekühlten Zweizylindertriebwerks wurde vor allem durch das Aufbohren der Zylinder auf 1531 cm^3 Rauminhalt erreicht. Beim AP 22 handelte es sich um ein kurzfristig realisiertes Übergangsmodell, das zwecks erneuter Belebung des mittlerweile rückläufigen Absatzes des AP 17 erforderlich geworden war. Auf der Anfang Juni 1953 in Köln stattfindenden DLG-Ausstellung konnten die Allgaier-Werke schließlich mit einem optisch und technisch überarbeiteten AP 22 aufwarten. Abgebildet ist ein 1953 hergestellter AP 22 in der Ursprungsausführung.

RECHTS
Besonders die bäuerlichen Kleinbetriebe als Zielgruppe im Visier hatte der ab Herbst 1951 in Blockbauweise mit stehend angeordnetem wassergekühltem Einzylinder-Viertakt-Dieselmotor angebotene Kleinschlepper A 12 von Allgaier, der den Kleinlandwirten die Möglichkeit der Vollmotorisierung und damit der gespannlosen Bewirtschaftung ihrer Betriebe geben sollte. Dieses Modell war mit dem Fünfganggetriebe des AP 17 bestückt, woraus im August 1952 der Typ A 16 entstand, der durch Drehzahlerhöhung sowie Vergrößerung der Zylinderbohrung auf 1192 cm^3 Rauminhalt eine gegenüber dem A 12 um vier PS erhöhte Motorleistung erhielt. Bereits kurze Zeit nach seinem Erscheinen präsentierte sich der A 16 mit der neuen Porsche-typischen Motorverkleidung und runden statt trapezförmigen Kotflügeln. Infolge seines geringen Eigengewichts von nur 980 kg war der A 16 speziell für alle Saat-, Pflege- und Hackfruchtarbeiten geeignet. Hier ein 1953 gebauter A 16 in neuer Formgebung.

RECHTS UNTEN
Auch bei Allgaier bestand die Notwendigkeit, im Interesse einer kostengünstigeren Fertigung, die Rationalisierung und Standardisierung der Bauteile zum Zwecke der leichteren Austauschbarkeit und einer wirtschaftlicheren Ersatzteillagerhaltung voranzutreiben. Das führte zu einer gänzlich neuen, von Porsche entwickelten und mit nach dem Baukastenprinzip konstruierten luftgekühlten Diesel-Reihenmotoren – von Ein- bis Vierzylinder – ausgerüsteten Schlepperbaureihe, durch deren Konstruktionsmerkmale eine rationelle Fertigung gegeben war. Das leichteste Modell in dieser Reihe war der im Sommer 1952 erstmals vorgestellte Kleinschlepper A 111, ein in der aktuellen Wespentaillenbauform ausgebildeter Tragschlepper. Aus seinem Einzylindertriebwerk mit nur 822 cm^3 wurde eine Leistung von 12 PS bei 2200 U/min Nenndrehzahl erzeugt. Sowohl vier Vorwärts- als auch vier Rückwärtsgänge, ein hydraulischer Kraftheber sowie Spurverstellmöglichkeiten gehörten zu den weiteren Ausstattungsmerkmalen dieses sehr fortschrittlichen Schleppers. Der A 111 – hier ein Fahrzeug von 1953 – konnte bei einem völligem Verzicht auf Zugtiere, sämtliche auf einem kleinen bäuerlichen Anwesen anfallenden Arbeiten verrichten. Im Jahre 1955 zog sich Erwin Allgaier – trotz zufriedenstellender Geschäfte – durch Verkauf seiner Fertigungsanlagen an die neugegründete Porsche Motorenbau GmbH vom Traktorenbau zurück, um sich wieder ganz dem auf Dauer lukrativeren und langfristig sichereren Werkzeug- und Metallbau zu widmen.

ALPENLAND

DIESE DOPPELSEITE

Die im oberbayerischen Wolfratshausen ansässige Firma Alpenland Fahrzeugbau GmbH ging auf die Initiative der Brüder Schröter zurück, die in den 30er-Jahren luftbereifte Anhänger und Ackerwagen herstellten und vertrieben. Nach dem Krieg wurden die Brüder Schröter dann in Wolfratshausen ansässig, wo sie ab 1948 diese Tätigkeit zunächst fortführten. Zum Ziel hatte man sich die Entwicklung eines leichten Ackerschleppers gesetzt, der ohne aufwendigen und teuren Allradantrieb eine besondere Zugstärke speziell beim Einsatz in bergreicher Landwirtschaft entwickeln sollte. Deshalb wurde der Schlepper mit einem zweiachsigen Anhänger zu einer Einheit zusammengeführt, wobei ein Teil des Anhängergewichts zusätzlich als Zug- oder Bremskraft nutzbar gemacht werden konnte. Die zu jener Zeit kaum erhältliche Hydraulik wurde durch einen mechanischen Kraftheber ersetzt, der über die Zapfwelle angetrieben wurde. Die Zugstange der Anhängervorderachse wurde in das Zentralrohr des Krafthebers eingeführt. Dadurch entstand eine vierachsige Fahrzeugeinheit, bei der das Ausbrechen des Anhängers beim Bremsen im Gefälle verhindert wurde. Damit das Gespann einwandfrei lenkbar blieb, besaß der Schlepper Vierradlenkung, d.h. auch die Hinterräder waren mit kleinem Lenkausschlag lenkbar ausgelegt. Diese Lenkungsart ermöglichte ein Arbeiten quer zum Hang bei Steigungen bis zu 30 %. Die höchstmögliche Trieb- und Bremskraft wurde erreicht, wenn der Kraftheber die Vorderräder völlig vom Boden abgehoben hatte. Auch in diesem Fall war dank der Hin-

terradlenkung die Manövrierfähigkeit des Gespanns gewährleistet. Darüber hinaus ergab sich bei der Arbeit in Pflanzreihen der positive Nebeneffekt, dass sich Lenkkorrekturen unmittelbar auf die Arbeitsgeräte übertrugen. Insgesamt war dieses Konzept für die damalige Zeit geradezu revolutionär, und kein Mitbewerber konnte hier eine konkurrenzfähige Alternative bieten.
1949 wurde dieser als GS 15 bezeichnete Schlepper erstmals auf dem bayerischen Zentrallandschaftsfest in München vorgestellt und sorgte, wie nicht anders zu erwarten, in Fachkreisen für beträchtliches Aufsehen. Er bezog seine Kraft aus dem 15 PS starken Einzylinder-Viertakt-Dieselmotor des Typs KDW 215 E von MWM mit 1178 cm^3 Hubraum. Sechs Vorwärtsgänge und zwei Rückwärtsschaltstufen für Geschwindigkeiten zwischen 3,7 und 20 km/h standen in dem 1090 kg schweren Traktor zur Verfügung, der – zusammen mit dem eigens auf ihn abgestimmten Anhänger – genau DM 7510,- kosten sollte. Das war nicht gerade wenig und dürfte mithin wohl einer der Gründe dafür gewesen sein, dass mancher potenzielle Erwerber vom Kauf abgehalten wurde. Bei Verkäufen von gerade einmal 129 Einheiten im ersten Halbjahr 1950 konnte man daher keineswegs von einem wirtschaftlichen Erfolg sprechen. Leider schlugen auch die nachfolgenden, ähnlich ausgestatteten 25- und 40-PS-Typen, die mit einer gewissen Berechtigung als „Spitzenleistungen im internationalen Schlepperbau" werblich herausgestellt wurden, keinesfalls besser ein. Daher musste schon bald die Schlepperfertigung eingestellt werden. Der 1950 gebaute GS 15 dieser Seite wurde von einem holländischen Sammler restauriert.

Bautz

OBEN

Die Firma Josef Bautz AG aus Saulgau in Oberschwaben ging aus einem im Jahr 1890 gegründeten Fertigungsbetrieb für Erntemaschinen hervor. Bis Mitte der 30er-Jahre konnte sich das Unternehmen auf diesem Spezialsegment eine starke Marktposition erarbeiten. Der Wunsch, bereits zum damaligen Zeitpunkt eine Traktorproduktion aufzuziehen, ließ sich aus politischen Gründen – die für diesen Zweck im hessischen Großauheim erworbenen Werksanlagen wurden für die Rüstungsproduktion benötigt – nicht verwirklichen. Erst im Jahr 1950 ergab sich für das Unternehmen die günstige Gelegenheit, Konstruktionsunterlagen eines 14-PS-Bauernschleppers von der Tübinger Firma Zanker, die sich bereits nach kurzer Fertigungsdauer infolge ungenügender Abverkäufe von ihrer gerade erst ins Leben gerufenen Schlepperfertigung trennen wollte, übernehmen zu können. Nach kurzzeitiger unveränderter Fertigung dieses Fahrzeugs brachte Bautz mit dem Modell AS 120 bereits zur Jahreswende 1950/51 einen eigenen Kleinschlepper auf den Markt, dessen Konstruktion allerdings in vielerlei Hinsicht auf den ehemaligen Zanker-Schlepper zurückging. Der Antrieb erfolgte durch einen 12 PS starken, wassergekühlten Zweizylinder-Viertakt-Dieselmotor von MWM mit 1248 cm^3 Hubvolumen, wobei dies der einzige in Deutschland erhältliche Kleinschlepper war, der über ein Zweizylindertriebwerk verfügte. Das abgebildete Fahrzeug trägt 1952 als Baujahr.

OBEN

Im Jahr 1955 gebaut wurde dieser bestens restaurierte 14-PS-Bautz-Blockbauschlepper des Typs AL 120. Nur 995 kg wog dieses Modell, das – ähnlich wie der Typ AS 120 – mit einem zweizylindrigen MWM-Viertakt-Dieselmotor mit Wasserkühlung bestückt war, der seine Leistung bei 1850 U/min Nenndrehzahl mobilisierte. Mit der Antriebseinheit fest verblockt war ein Getriebe mit Ausgleichssperre und fünf Vorwärts- und einer Rückwärtsfahrstufe, dessen Geschwindigkeiten zwischen 2,0 und 18,3 km/h abgestuft waren. Kraftheber, Zapfwelle, Riemenscheibe sowie eine auf Wunsch erhältliche Anhängerkupplung gehörten zum serienmäßigen Lieferumfang; auf Wunsch war der Zwischenachsanbau eines Mähwerks möglich.

RECHTS

Während ihrer nur zwölfjährigen Bauzeit hatten die Bautz-Traktoren, die sich in der Zulassungsstatistik des öfteren unter dem ersten Dutzend Firmen platzieren konnten, bei den Käufern einen ausgezeichneten Ruf als gute und robuste Schlepper. Ihre technischen Eigenschaften hatten zwar kaum innovativen Charakter, dafür zeichneten sie sich aber durch grundsolide, konservative Konstruktionsmerkmale wie Hinterradantrieb, Heckanbau und leichte Bauweise aus. Als Motorlieferanten für die wahlweise erhältlichen wasser- oder luftgekühlten Triebwerke – Bautz baute Traktoren bis maximal 25 PS – kamen vor allem die Motoren-Werke Mannheim, in geringerem Umfang aber auch Güldner zum Zuge. Die Getriebe stammten entweder aus eigener Fertigung oder wurden von der Zahnradfabrik Passau beigesteuert. Etwa Mitte der 50er-Jahre wurden die Motorhauben der Schlepper formal aktualisiert, wodurch sie ein gefälligeres Gesicht erhielten. Zu jenen Schleppern gehörte auch das mit einem luftgekühlten 18-PS-MWM-Aggregat bestückte Modell AL 180, das hier in einer 1958 gebauten Ausführung mit Wetterdach zu sehen ist. Der sich in der zweiten Hälfte der 50er-Jahre manifestierende Nachfragerückgang nach Kleinschleppern traf das Unternehmen hart und konnte auch mit den neuen, ab 1959 lieferbaren Typen nicht kompensiert werden. Gleichwohl war es nicht möglich, sich mit einem solventen Partner zum Zwecke einer gemeinsamen Existenz zu verbünden. Daher beendete Bautz im Jahr 1962 seine Aktivitäten als Traktorenhersteller.

BISCHOFF

OBEN

Die Bischoff-Werke KG in Recklinghausen-Süd, ein ursprünglich auf Bergbau-Sondergeräte und Maschinen spezialisiertes kleines Unternehmen, versuchten zu Beginn der fünfziger Jahre, auch auf dem Sektor der Traktoren Fuß zu fassen, um an dem in den Nachkriegsjahren herrschenden starken Motorisierungsaufschwung in der Landwirtschaft teilhaben zu können. Auf die in der Folgezeit auf dem Markt gebrachten, zwischen 15 und 45 PS angesiedelten Schlepper, traf der Begriff der Konfektionsschlepper, bei denen man sowohl Antriebsaggregate als auch Getriebe, Lenkung und andere Fahrzeugkomponenten von unterschiedlichen Spezialherstellern bezog, uneingeschränkt zu. Aber gerade weil man hier auf bewährte Bauteile zurückgriff, entstanden den Anforderungen der Zeit entsprechende, durchaus leistungsfähige Schlepper konventioneller Bauart, die den Vergleich zu den Mitbewerbern nicht zu scheuen brauchten. Auch das im Rahmen des serienmäßigen Lieferumfangs erhältliche Zubehör wie Zapfwelle, Riemenscheibe und Mähantrieb war verhältnismäßig umfangreich und nicht immer selbstverständlich. Mit einem zweizylindrigen wassergekühlten Henschel-Viertakt-Dieselmotor des Typs 515 DE mit 1590 cm^3 Hubraum und 20 PS Leistung bei 1800 U/min Nenndrehzahl bestückt war

das ab 1951 erhältliche Modell „Biwe“ AS 20 WA – hier ein Fahrzeug von 1952 –, das über ein Hurth-Schaltgetriebe mit fünf Vorwärts- und einem Rückwärtsgang in den Geschwindigkeitsabstufungen zwischen 3,16 und 19,5 km/h verfügte und 1260 kg Eigengewicht auf die Waage brachte.

DIESE SEITE
Nachdem die Michelstädter Firma Christian Ensinger Fahrzeugbau schon nach kurzer Zeit ihr begonnenes Experiment, in der Schlepperbranche Fuß zu fassen, aufgegeben hatte, konnten die Bischoff-Werke die Konstruktionsunterlagen übernehmen und die dabei gewonnenen Erfahrungen in ihre geplante Schlepperreihe einbringen. Als erstes Glied erschien 1951 das Modell „Biwe“ AS 15 WA, ein von einem wassergekühlten Einzylinder-1178-cm³-Viertakt-Wirbelkammer-Dieselmotor der Motoren-Werke Mannheim (MWM) angetriebener 15-PS-Schlepper, in dem ebenfalls das fünfgängige Hurth-Getriebe verwendet wurde, welches zwischen 3,23 und 19,8 km/h Geschwindigkeit abgestuft war. 1285 kg betrug das Gewicht dieses in bewährter Blockbauart gefertigten Modells. Hier ein schönes Fahrzeug aus dem Jahre 1952.

Bungartz

OBEN

Die Münchener Maschinenfabrik Bungartz & Co. GmbH, die bereits seit den Vorkriegsjahren auf einschlägige Erfahrungen im Bau von Bodenfräsen und Einachsschlepper zurückblicken konnte, stellte auf der Kölner DLG-Ausstellung im Jahr 1953 ihren ersten, wahlweise mit Vergaser- oder Dieselmotor erhältlichen Zweiachs-Frästraktor des Typs T 3 vor. Eine der Besonderheiten dieses in Halbrahmenbauweise ausgeführten, speziell für Reihen- und Sonderkulturen geeigneten Schmalspurschleppers, war die patentierte 90-Grad-Lenkeinschlagmöglichkeit der Vorderräder, wodurch der Kleinschlepper nahezu auf der Stelle – auch ohne Lenkbremsen – wenden konnte. Unter Verwendung eines luftgekühlten Einzylinder-Viertakt-Dieselmotors des Typs E 89 FG von Hatz mit 668 cm^3 Hubraum entstand 1957 das Allradmodell T 5, beim dem nun die Blockbauweise Anwendung fand. Zunächst verfügte er über 12, ab dem folgenden Jahr über 13 PS Motorleistung. Dadurch stieg das Gewicht des Winzlings auf 825 kg. Das eigener Fertigung entstammende Getriebe mit sieben Vorwärts- und drei Rückwärtsgängen ließ Geschwindigkeiten zwischen 1,1 und 13,5 km/h zu, wobei die ersten beiden Gangstufen als Kriechgänge ausgelegt waren. Hier ein Traktor aus dem Jahr 1962.

DIESE SEITE

Diese Seite zeigt ein weiteres Bungartz-T-5-Modell aus dem Jahr 1957. Der in erster Linie für Intensivkulturen und Pflegearbeiten geeignete Traktor, war – wie auf den Aufnahmen gut erkennbar – in einer sehr schmalen Bauweise mit niedriger Bauhöhe ausgebildet, die das Unterfahren von Zweigen und Ästen ermöglichte. Infolge des niedrigen Schwerpunkts war eine große Standfestigkeit bei Arbeiten am Hang gegeben. Um einem Aufbäumen des Kleinschleppers vorzubeugen, hatte man anstatt der beiden Vorderradfelgen nun die Vorderachse mit Gewichten belastet. Die eingebaute Hydraulik befreite den Fahrer von der körperlichen Anstrengung der Gerätebedienung. Zur Standardausrüstung gehörte ein Schnellverschluss für Gerätewechsel sowie Zapfwelle, Differenzialsperre, Anhängemaul, elektrischer Anlasser, Einzelrad- und Feststellbremse. Darüber hinaus wurde eine beachtliche Zahl an Zubehörgeräten wie Seitenmähwerk oder auch Fräsen, Grubber, Pflüge, Spritzen und Pumpen für den Heckanbau und ein Rasenmäher als Zwischenachsanbaugerät, ferner auch verschiedene Frontanbaugeräte wie Fräse und Kehrbesen bereit gehalten, so dass überaus vielfältige Verwendungsmöglichkeiten gegeben waren. Der T 5 war mit etwa 2800 gefertigten Einheiten der mit Abstand meistgebaute Zweiachsschlepper der Münchener Firma, deren Produktion im Jahr 1975 eingestellt wurde.

Daimler-Benz

OBEN

Bereits auf die Kriegszeit zurück gingen die ersten Überlegungen der Daimler-Benz-Ingenieure Albert Friedrich und Heinrich Rößler zu einem Kurz-Lkw mit Allradantrieb. Obwohl dieses Projekt nach dem Zusammenbruch bei ihrem Brötchengeber zunächst nicht realisiert werden konnte, gaben beide nicht auf und entwickelten in einem auswärtigen Konstruktionsbüro ein Fahrzeug, das sich durch vier gleich große Räder, Rahmenbauweise, Allradantrieb und eine kippbare Pritsche auszeichnete und „Universal-Motor-Gerät", kurz „Unimog", genannt wurde. Ursprünglich war vorgesehen, dieses Universalfahrzeug in erster Linie für Feldarbeiten zu nutzen. Daher bestanden Anbaumöglichkeiten für Geräte vorn, seitlich und hinten. Im Oktober 1946 stand das erste Fahrgestell für Probefahrten zur Verfügung, die auf Anhieb sehr zufriedenstellend verliefen. Für die Serienfabrikation konnte die Werkzeugmaschinenfabrik Gebr. Boehringer in Göppingen gewonnen werden. Den Antrieb besorgte der soeben von Daimler-Benz neuentwickelte wassergekühlte Vierzylinder-Viertakt-Vorkammer-Dieselmotor OM 636, dessen Leistung auf 25 PS gedrosselt worden war. Auf der DLG-Ausstellung 1948 in Frankfurt 1948 trat der „Boehringer-Unimog“ erstmals an die Öffentlichkeit. Leider war sein Preis mit anfangs 11.230 DM etwa doppelt so hoch wie der eines vergleichbaren Standardtraktors, was neben der zu geringen Fertigungskapazität des Herstellerwerkes mit zu den Gründen zählte, dass bis zum Herbst 1950 nur etwa 600 Einheiten in Göppingen gebaut werden konnten. Da bei dieser unrentablen Kleinserienfertigung die Stückkosten viel zu hoch lagen, wurden Produktion, Vertrieb und Patente an die Daimler-Benz AG veräußert. Ab Juni 1951 konnte daher der Bau des „Unimog“ im Lastwagenwerk Gaggenau fortgeführt werden. Hier ein noch von Boehringer gefertigtes Fahrzeug aus dem Jahr 1950.

DIESE SEITE

Zunächst aber lief der Verkauf des „Unimog“ bei Daimler-Benz recht schleppend an. Dort war man seit Jahrzehnten auf dem Markt der landwirtschaftlichen Fahrzeuge nicht mehr präsent gewesen. Demzufolge fehlte auch eine darauf abgestimmte eigenständige Vertriebsorganisation. Diese musste folglich, sollte das Experiment kein Schlag ins Wasser werden, innerhalb kürzester Zeit in Form eines leistungsfähigen Händler- und Servicenetzes für Kunden aus dem Agrarbereich aufgezogen werden. Darüber hinaus mussten land- und forstwirtschaftliche Geräte und solche für den Straßenbau in enger Zusammenarbeit mit den jeweiligen Herstellern an den „Unimog“ angepasst werden, um dadurch die universelle Verwendbarkeit dieses neuen Fahrzeugs zu gewährleisten. Schon bald zeigten sich nie für möglich gehaltene Einsatzmöglichkeiten – nicht nur in der Land- und Forstwirtschaft, sondern auch im Straßenbau, als Kommunalfahrzeug, als Zugmaschine, in der Industrie, um hier nur einige wenige Beispiele zu nennen. Der „Unimog“ mit seinem extrem kurzen Radstand zeichnete sich durch eine große Bodenfreiheit aus und besaß für den Einsatz in der Landwirtschaft Zapfwellenanschluss, Riemenscheibe und einen druckluftbetätigten Kraftheber am Heck. Dank seiner stattlichen Höchstgeschwindigkeit von 50 km/h konnte der „Unimog“ nicht nur auf dem Acker, sondern auch für den schnellen Straßentransport eingesetzt werden. Das Fahrerhaus war mit Segeltuch überdacht und über der Hinterachse befand sich eine Ladepritsche. Hier zwei restaurierte Fahrzeuge von 1951 (oben) und 1952.

SY-XZ 22

HU-HM 467

LINKS OBEN

Erst ab Mai 1953, nachdem der „Unimog" seinen Einstieg geschafft hatte, durfte er den Mercedes-Stern im Kühlergitter tragen. Im Übrigen war das Fahrzeug so gut durchkonstruiert, dass es verhältnismäßig wenige der sonst meist üblichen Kinderkrankheiten aufzuweisen hatte und jahrelang keiner Änderung bedurfte. Daher konnten Maßnahmen zur Modellpflege und Modernisierung in relativ weiten Zeitabständen erfolgen. Eine wichtige Neuerung war das ab September 1953 anstelle des Wetterdachs auf Wunsch erhältliche Ganzstahlfahrerhaus, das dem Fahrzeug gewerbliche, industrielle und kommunale Kundenkreise besser erschließen sollte. Andererseits hatte sich der „Unimog" noch nicht im erwarteten Maß in der Land- und Forstwirtschaft durchsetzen können, denn die Landwirte gaben auf Dauer doch dem konventionellen Schlepper mit großen Hinterrädern den Vorzug. Dies wird sicherlich auch am erheblich höheren Preis des „Unimog" gelegen haben. Bis 1956 wurde die ursprünglichen Motorleistung von 25 PS beibehalten. Dieses Bild zeigt einen „Unimog" mit Wetterdach aus dem Jahre 1954.

LINKS UNTEN

Im Jahre 1956 erhielt der Dieselmotor des „Unimog"-Baumusters 411 eine Leistungserhöhung von fünf zusätzlichen PS genehmigt. Nach drei weiteren Jahren standen dem Motor 32 PS zur Verfügung, die durch Drehzahlsteigerung erreicht wurden. 1956 wurde mit dem Ziel der besseren Bodenadhäsion die Reifengröße erhöht. Immer noch übertrug ein bewährtes Sechsganggetriebe, das auf Wunsch mit zwei zusätzlichen Kriechgängen erhältlich war, die Kraft des Motors auf alle vier Räder. Dieses Getriebe war ab März 1957 auf Wunsch; schließlich ab September 1959 serienmäßig vollsynchronisiert. Diese Abbildung zeigt ein 1964 gebautes Fahrzeug mit dem seit September 1957 erhältlichen längeren Radstand.

UNTEN

Ebenfalls über den längeren Radstand von 2120 mm und den 32-PS-Motor verfügt dieser 1963 gebaute „Unimog" des Typs 411, der mit einem Frontkraftheber bestückt ist. Das zulässige Gesamtgewicht dieses Modells betrug 3500 kg. Bei Höchstgeschwindigkeit von 50 km/h konnten 7,5 t gezogen werden; die größtmögliche Zugleistung von 40 t hingegen war allerdings nur noch mit 6 km/h möglich.

OBEN

Die Karosserie des „Unimog“ wurde 1963 einer formalen Überarbeitung unterzogen. In dieser Ausführung wurde das nun als Typ 406 bezeichnete Fahrzeug bis 1977 fabriziert. Ab Juni 1964 verwendete man ein nach dem Direkteinspritzverfahren arbeitendes wassergekühltes Sechszylinder-Viertakt-Dieseltriebwerk des Typs OM 352 von Daimler-Benz mit 5675 cm^3 Hubraum, dessen Leistung von anfänglich 65 PS auf deren 84 zum Ende der Fertigungszeit anstieg. Mit diesem kraftvollen Motor konnte der „Unimog“ den Wunsch vieler Kunden nach höherer Leistung befriedigen und gleichzeitig den gestiegenen Ansprüchen der Wirtschaft Rechnung tragen. Der U 406 besaß ein Daimler-Benz-Getriebe mit sechs Vorwärts- und zwei Rückwärtsgängen, die zwischen 4,3 und 65 km/h abgestuft waren. Hauptsächlich wurde das bis zu 3,5 t schwere Fahrzeug nun als Zugmaschine eingesetzt, Einsätze in der Landwirtschaft, für die er eigentlich konstruiert worden war, wurden immer seltener. Obwohl er dort immer noch eine gewisse Rolle spielte, lagen schon damals seine hauptsächlichen Betätigungsfelder in vielen Be-

reichen der Bauwirtschaft, bei den Kommunen, im Güternahverkehr und auf nahezu allen Spezialgebieten, die man sich denken kann. Daher war der „Unimog“ auch von der Treckerflaute in der Landwirtschaft kaum betroffen, die für so viele Firmen der Schlepperbranche das Aus bedeutete. Hier ein vorbildlich restaurierter U 406 von 1966, der mit einer 70-PS-Maschine bestückt ist.

UNTEN

Der mit einem Hiab-Ladekran und zwei Frontseilwinden ausgerüstete „Unimog“ 411 des Baujahrs 1962 auf dieser Abbildung kann die universellen Einsatzmöglichkeiten des „Unimog“ nur andeuten. Dieses robuste und ständig verbesserte Fahrzeug hat sich durch seine enorme Vielseitigkeit in mehr als 50 Jahren Bauzeitraum wie kaum ein anderes Nutzfahrzeug einen Namen gemacht. Dabei muss berücksichtigt werden, dass die letzten Ausführungen des „Unimog“, die mit Motorleistungen von bis zu 240 PS aufwarten können und im Vergleich zum Ursprungsfahrzeug mittlerweile gewaltige Ausmaße erreicht haben, mit diesem nur noch das Konstruktionsprinzip gemein haben. Dennoch hat dieses Konzept bis heute noch nichts an Aktualität eingebüßt.

GANZ UNTEN

Seit dem März 1966 war als kleinere Zwischengröße der „Unimog“ U 421 erhältlich, der mit einem neu gestalteten geschlossenen Fahrerhaus ausgerüstet worden war. Dieses gab es mit Klappverdeck oder festem Dach. Anfänglich stand in dieser neuen Variante das aus dem Pkw Mercedes-Benz 200 D stammende leistungsreduzierte, wassergekühlte Vierzylinder-Viertakt-Vorkammer-Dieselaggregat des Typs OM 621 mit 1909 cm³ Hubvolumen und 40 PS zur Verfügung. Bereits kurze Zeit später wurde die Motorleistung auf 45 PS angehoben, bei gleichzeitiger Steigerung des Hubraums auf 2,2 Liter. Ab 1970 leistete der Motor dieses Modells 52 PS und verfügte über einen Hubraum von 2456 cm³. Die Kraft des Triebwerks wurde über ein Getriebe mit sechs Vorwärts- und zwei Rückwärtsgängen auf die Räder umgesetzt. Um Arbeiten an Motor und Getriebe leichter ausführen zu können, konnte das Fahrerhaus vorgeklappt bzw. hochgestellt werden. Hier ist ein Fahrzeug mit Klappverdeck von 1967 mit 45-PS-Motor zu sehen.

Deuliewag

OBEN

Die 1929 in Berlin-Tegel gegründete Deutsche Lieferwagen-Gesellschaft mbH trat erstmals im Jahr 1936 mit einem Ackerschlepper, dem mit einem Junkers-Gegenkolben-Dieselmotor ausgerüsteten Modell DA 13, in Erscheinung. In der Zeit bis zum Zweiten Weltkrieg befanden sich verschiedene mit Güldner-Motoren bestückte Typen zwischen 13 und 30 PS im Verkaufsprogramm. Infolge der Kriegsereignisse konnte die erneute Schlepperproduktion erst 1949 im Westen gestartet werden. Das Unternehmen versuchte nun mit einer überwiegend mit MWM-Aggregaten bestückten, konstruktiv an die Modelle der Vorkriegszeit anknüpfenden Verkaufspalette mit Motorleistungen zwischen 15 und 36 PS an dem beginnenden Wirtschaftsaufschwung dieser Branche teilzuhaben. Dazu gehörte auch der mit einem wassergekühlten Zweizylinder-Viertakt-Dieselmotor mit 2355 cm^3 Hubraum von MWM bestückte Typ D 24, der eine Leistung von 24 PS bei 1500 U/min entwickelte. In diesem 1850 kg schweren, in Blockbauart gefertigten Traktor war ein von der Firma Renk stammendes Vierganggetriebe installiert. Der abgebildete, noch mit der Kühlerattrappe der Vorkriegszeit ausgerüstete Schlepper verließ die Werkhallen bereits im Jahre 1949.

UNTEN

Der D 24 – ein zeittypischer Bauernschlepper – besaß vorn eine gefederte Pendelachse sowie gegen Staub abgekapselte Lager und Radnaben und war insgesamt sehr kräftig und robust durchkonstruiert. Ein besonders charakteristisches Merkmal dieses und einiger anderer Schlepper des Deuliewag-Serienprogramms war die leicht abgeschrägte, verrundete Frontverkleidung mit dem BMW-ähnlichen, nierenförmigen Lufteinlassgitter. Die formschöne Gestaltung der Frontpartie stammte von Frau Marianne Jeroch, der künstlerisch begabten Gattin des Deuliewag-Konstrukteurs und Firmenchefs Dr. Friedrich-Wilhelm Jeroch. Der mit dem Zweizylinder-MWM-Motor des Typs KD 415 Z ausgerüstete und mit einem viergängigen Prometheus-Getriebe verblockte, maximal 24 km/h schnelle Deuliewag-Schlepper D 24 dieser Abbildung entstand 1950. In technischer Hinsicht entsprachen die Deuliewag-Schlepper durchaus dem Stand ihrer Zeit – allein der stagnierende Absatz und die daraus resultierenden Kleinserien mit entsprechend hohen Verkaufspreisen verhinderten den wirtschaftlichen Durchbruch. Daher musste das Unternehmen, obwohl es zum Schluss noch einen überaus fortschrittlichen Allradschlepper vorgestellt hatte, den Traktorenbau bereits 1952 beenden.

Deutz

LINKS

Die ersten Versuche, die die bereits 1864 von Nikolaus August Otto, dem Erfinder des Viertaktmotors, und Eugen Langen gegründete Gasmotoren-Fabrik Deutz AG in Richtung des Traktorenbaus unternahm, gingen auf die Zeit kurz nach der Jahrhundertwende zurück. Auch die unmittelbar nach dem Ersten Weltkrieg gebauten schweren Zugmaschinen führten zu keinen befriedigenden Erfolgen. Schließlich dauerte es bis zum Jahr 1927, ehe wieder ein Deutz-Traktor angeboten wurde. 1934 begann eine neue Ära mit den sogenannten Stahlschleppern, deren Name sich aus der aus Stahlblech geschweißten Getriebegehäusekonstruktion ergab. Das erste Fahrzeug dieser fortschrittlichen Reihe war der Typ F 2 M 315, ein mit einem wassergekühlten, stehenden Zweizylinder-Viertakt-Dieselmotor mit 3400 cm^3 Hubraum ausgerüsteter Blockbauschlepper, der bei einer Nenndrehzahl von 1200 U/min 28 PS erzeugen konnte. Bis 1942 konnte dieses 2750 kg schwere, mit einem Fünfganggetriebe bestückte Traktormodell in beachtlichen Stückzahlen verkauft werden – sowohl eisenbereift als reiner Ackerschlepper, wie auch mit Elastik- oder Ackerluft-Bereifung als Universalschlepper. Hier ein einwandfrei restaurierter Verkehrsschlepper aus dem Jahre 1937.

DIESE SEITE

Mit den Stahlschleppern, deren Bauweise zum Modernsten zählte, was der damalige Traktorenbau zu bieten hatte, gelang dem seit 1930 in Humboldt-Deutzmotoren AG umbenannten Unternehmen der Durchbruch zu einem renommierten und anerkannten Vertreter dieser Branche. Das leistungsstärkste Modell in dieser Reihe war der bis 1942 gebaute Typ F3 M 317 – ein 50-PS-Dreizylinder-Dieselschlepper mit 5768 cm^3 Hubraum, der sowohl für schwere Feldarbeiten in Großbetrieben, als auch als Verkehrsschlepper für den Straßentransport eingesetzt wurde. Für letzteren Verwendungszweck waren Windschutzscheibe und Dach, oftmals aber auch feste Fahrerhäuser mit seitlichen Türen und Doppelsitzbank, sowie eine Druckluftanlage für den Anhängerbetrieb obligatorisch. Der große Deutz, der als Verkehrsmaschine ein Gesamtgewicht von 4000 kg erreichte, war einer der stärksten Schlepper seiner Zeit. Auf dieser Seite werden zwei derartige Schlepper gezeigt, wobei das obere Fahrzeug 1939, das unten gezeigte Exemplar ein Jahr später gebaut wurde.

OBEN

Diese Abbildung zeigt einen weiteren hervorragend restaurierten Stahlschlepper des Typs F 2 M 315 mit Luftbereifung aus dem Jahr 1935, der mit einem 28-PS-Zweizylinder-Vorkammer-Dieselmotor bestückt ist. An die landwirtschaftlichen Bedürfnisse waren die Stahlschlepper von Deutz gut angepasst. Das erhältliche Zubehör war enorm umfangreich, wobei die Riemenscheibe zum Lieferumfang gehörte, die Zapfwelle hingegen Mehrpreis kostete. Diese grundsoliden und robusten Schlepper gewährleisteten in allen Einsatzbereichen eine große Betriebssicherheit und Wirtschaftlichkeit und waren teilweise noch Jahrzehnte nach Kriegsende im Alltagseinsatz unverzichtbar.

LINKS UNTEN UND DIESE SEITE

Eine noch größere Bedeutung aber kam einem kleinen Deutz-Schlepper zu, der bereits zu Lebzeiten zu einer Legende wurde. Mit dem ab 1936 gebauten, als „Elfer-Deutz" bekannt gewordenen Bauernschlepper F 1 M 414, erkannten die Deutz-Ingenieure sehr schnell die Möglichkeit, den bisher wenig berücksichtigten Markt der vielen Kleinlandwirte bedienen zu können. Dieser erste in Großserie produzierte Kleinschlepper war ein Meilenstein nicht nur in der deutschen Schleppergeschichte, zweifelsohne gehörte er zu den erfolgreichsten Traktoren aller Zeiten. Dieser bewusst einfach und zweckmäßig gehaltenen Konstruktion hatte die Konkurrenz zunächst nichts entgegenzusetzen. Mitte der 30er-Jahre wurde die weitgehende Unabhängigkeit von Nahrungsmittelimporten von Staats wegen immer stärker vorangetrieben. Eine Steigerung der Felderträge ließ sich aber nur durch Vollmotorisierung der Landwirtschaft erreichen. Eine wichtige Zielgruppe waren hierbei die vielen Kleinbetriebe, an denen die Motorisierung bisher weitgehend spurlos vorübergegangen war, weil die bisher überwiegend angebotenen Traktoren zu groß und auch preislich unerschwinglich waren. Der neue Deutz-Bauernschlepper stieß genau in diese Marktlücke. Auf ihn traf das Verdienst zu, in einem besonderen Maße zur Motorisierung der vielen landwirtschaftlichen Familienbetriebe vor dem Zweiten Weltkrieg beigetragen zu haben. Der kleine Deutz war– erstmals in dieser Leistungsklasse – in rahmenloser Blockbauart ausgeführt und besaß einen wassergekühlten Einzylinder-Viertakt-Dieselmotor mit 1100 cm^3 Hubraum, aus dem er Kraft für 11 PS schöpfte. Eine Tankfüllung von 28 Litern Diesel reichte aus, um 15 bis 18 Stunden harte Ackerarbeit abzuleisten. Luftbereifung, Riemenscheibe, auf Wunsch aber auch Zapfwelle, Mähbalken und Klappgreifer für ungünstige Bodenverhältnisse gehörten für den bis 1951 gefertigten Schlepper zu den Ausstattungsmerkmalen. Während auf der gegenüber liegenden Seite unten ein 1939 gebauter Bauernschlepper zu sehen ist, zeigt das Bild auf dieser Seite ein 1948 gebautes, mit Windschutzscheibe und Verdeck ausgerüstetes Fahrzeug.

OBEN

Der berühmte Vorkriegs-Bauernschlepper von Deutz stand Pate, als 1950 dessen Nachfolgemodell F 1 L 514/50 entwickelt wurde. Entsprechend hoch war daher die Messlatte zu setzen, um ein technisch optimiertes Fahrzeug auf die Räder zu stellen. Dass dies gelang, war in vieler Hinsicht dem erstmals in einen Deutz-Schlepper installierten, gänzlich neu entwickelten luftgekühlten Einzylinder-Viertakt-Dieseltriebwerk zu verdanken. Der bereits zu Kriegszeiten zur Serienreife entwickelte Motor besaß 1330 cm^3 Rauminhalt und stellte bei 1650 U/min Nenndrehzahl seine höchste Leistung von 15 PS zur Verfügung. Von der Luftkühlung versprachen sich die Deutz-Techniker sowohl Gewichtsersparnis als auch eine wirkungsvollere Kühlung. Einige Bauteile, so das bewährte Halbschalen-Vierganggetriebe, wurden unverändert vom Bauernschlepper adaptiert. Mit einigen Änderungen – ab 1951 erhielt der „15er Deutz“ u.a. ein Fünfganggetriebe mit Zapfwelle und größere Hinterradbereifung – wurde dieser Schlepper bis 1957 in nicht unerheblichen Stückzahlen verkauft und trug damit maßgeblich zum wirtschaftlichen Unternehmenserfolg bei. Auch dieser Schlepper befriedigte das Bedürfnis vieler Kleinbauern nach einem Traktor, der die Pferde ersetzen konnte. Hier ein Exemplar mit Windschutzscheibe und Dach der ersten Bauausführung von 1951.

LINKS UNTEN

Der 15er Deutz war das erste Glied einer neuen Richtung weisenden, ausschließlich mit luftgekühlten Antriebsaggregaten bestückten Schleppergeneration bei dem seit 1938 unter Klöckner-Humboldt-Deutz AG (KHD) firmierenden Unternehmen. Noch im Jahr 1950 konnte man mit einem mittelschweren Zweizylindermodell, dem Typ F 2 L 514/50, aufwarten, dessen Triebwerk zunächst 28, ein Jahr später 30 PS erzeugte. Dieser leistungsstarke, sehr vielseitig verwendbare Traktor, hatte besonders die große Gruppe der mittelgroßen bäuerlichen Betriebe im Auge und wurde bis zu seiner Fertigungseinstellung im Jahre 1958 in vielen unterschiedlichen Varianten, zum Schluss in der Ausführung F 2 L 514/6 mit 34 PS, angeboten. Er gehörte zweifellos zu den wichtigsten Traktoren der 50er-Jahre. Hier ist ein Fahrzeug in Hochradausführung von 1952 abgebildet.

UNTEN

Das nächststärkere Fahrzeug im Rahmen der luftgekühlten Deutz-Baukastenreihe war ein 1951 vorgestellter, 42 PS starker Dreizylindertraktor, der sich in verschiedenen Ausführungen bis 1964 erfolgreich am Markt behaupten konnte. Als nächsten folgerichtigen Schritt brachte KHD im September des darauf folgenden Jahres mit dem Modell F 4 L 514/4 ein noch stärkeres Fahrzeug auf den Markt. In diesem wirkte ein Vierzylinder-Viertakt-Diesel mit 5322 cm^3 Rauminhalt, der bei 1650 U/min Nenndrehzahl stolze 60 Pferdestärken mobilisieren konnte. Das damalige in Halbrahmenbauweise mit einer nichttragenden Motorölwanne aus Stahlblech konstruierte, gewaltige Spitzenmodell von Deutz hatte ein zulässiges Gesamtgewicht von 4500 kg, eine 24-Volt-Startanlage sowie aufgrund der Größe des Triebwerks eine zweiteilige Motorhaube. Es war ein Muskelprotz mit enorm großer Zugkraft, der selbst vor schwersten Arbeitsbedingungen nicht zu kapitulieren brauchte. Seine besondere Leistungsfähigkeit stellte dieser mit fünf Vorwärts- und zwei Rückwärtsgängen bestückte Universalschlepper bei der Bearbeitung großer Flächen und schwerer Böden unter Beweis und seine Größe prädestinierte ihn nahezu ausschließlich für Großbetriebe oder den forstwirtschaftlichen Einsatz. Auch dieses Modell, hier ein Fahrzeug von 1953, blieb überdurchschnittlich lange – bis zum Jahre 1965 – im KHD-Verkaufsprogramm.

LINKS

Zur Erweiterung und Ergänzung seines Typenspektrums im unteren Leistungsbereich, bot KHD ab 1953 einen leichten 11-PS-Schlepper an, in dem erstmals ein Triebwerk der neuen, seit 1952 zur Verfügung stehenden, gleichfalls luftgekühlten Motorbaureihe FL 612 verwendet wurde. Die Produktwerbung wurde auf die Zielgruppe der vielen noch mit Zugtieren arbeitenden Kleinlandwirte ausgerichtet und in diesem Zusammenhang ganz bewusst an die großen Erfolge des seit 1951 nicht mehr gefertigten „Elfer-Deutz", dessen Leistung das neue Modell entsprach, angeknüpft. Neu war an diesem, mit einem Einzylinder-Viertakt-Dieselmotor ausgerüsteten Kleinschlepper seine Ausbildung als Tragschlepper für Zwischenachsanbau. Er verfügte über ein Sechsganggetriebe mit drei zusätzlichen Rückwärtsgangstufen und war mit unterschiedlichen Hinterradbereifungen erhältlich. Eine Version für Grünlandbetriebe mit verkürztem Radstand ohne die Möglichkeit des Zwischenachsanbaus befand sich ebenfalls im Verkaufsangebot. Gebaut wurde der F1 L 612/4 bis zum Jahr 1958; hier ist ein Fahrzeug aus dem letzten Produktionsjahr zu sehen.

RECHTS

Parallel zu dem 1959 erstmals vorgestellten KHD-Modell D 15, einem mit dem 14 PS starken luftgekühlten Einzylinderaggregat F 1 L 712 motorisierten Kleinschlepper, wurde auch eine Schmalspurausführung für den Einsatz in Reihen- und Sonderkulturen angeboten, die bis 1964 im Verkaufsprogramm dieses Anbieter zu finden war. Die Spurweite dieses Modells war mittels Spezialfelgen stufenlos durch Motorkraft verstellbar, so dass diese den jeweiligen Einsatzbedingungen optimal angepasst werden konnte. Verwendet wurde in diesem Traktor – hier ein Fahrzeug von 1961 – das ZF-A 4 P-Schaltgetriebe der Zahnradfabrik Friedrichshafen, das sechs Vorwärts- und zwei Rückwärtsstufen aufzuweisen hatte.

OBEN

Der zwischen 1958 und 1960 angebotene KHD-Schlepper D 40 war mit 35 PS Motorleistung ein starker Traktor mit großen Kraftreserven dieser für den deutschen Markt sehr wichtigen Leistungsklasse. Er entstand durch Zusammenführung des neuen dreizylindrigen, nach dem Wirbelkammerverfahren arbeitenden luftgekühlten FL-Triebwerks F 3 L 712 mit 2550 cm^3 Hubvolumen und des bereits im Zweizylindermodell F 2 L 514/4 verwendeten neuentwickelten Deutz-Getriebes mit sieben Vorwärts- und drei Rückwärtsgangstufen. Der Schlepper besaß eine fahrkupplungsunabhängige Motor-Zapfwelle, Differenzialsperre, eine gefederte Lenkachse sowie umfangreiches Zubehör. Auf diesem Bild ist ein im letzten Fertigungsjahr gebautes Fahrzeug mit Fritzmeyer-M-210-Verdeck und Sicherheitsglas-Windschutzscheibe zu sehen.

RECHTS

Ab 1958 führte KHD eine neue Traktorreihe mit neuen Typenbezeichnungen ein, bei der das „D“ für Deutz stand und die nachfolgende Zahl Auskunft über die ungefähre Motorleistung gab. Die neuen Modelle waren mit ihren runden Hauben auch stilistisch überarbeitet worden und bestanden aus den drei Grundtypen D 15, D 25 und D 40, die in den folgenden Jahren weiter ergänzt wurden. Aus dem Modell D 25.1 S entstand durch Einbau eines neuen achtgängigen, in zwei Schaltgruppen unterteilten Getriebes und gleichzeitiger Leistungsanhebung auf 28 PS der hubraumidentische Typ D 30 S. Der erste Gang war als Kriechgang ausgelegt und die möglichen Geschwindigkeiten lagen zwischen 0,6 und 20 km/h. Der D 30 S verfügte über eine Motorzapfwelle; als Sonderzubehör waren ein hydraulischer Kraftheber, Dreipunktgerätekupplung, Mähwerk und Fritzmeyer-Wetterdach erhältlich. Der aus dem Jahr 1964 stammende Traktor dieser Abbildung ist mit einem der Sicherheit dienenden Umsturzbügel ausgerüstet.

LINKS
Im Jahr 1953 stellten die KHD-Werke zwei leistungsstarke, für Bau- und Industrieverwendung, aber auch für die Land- und Forstwirtschaft geeignete Vollraupen mit luftgekühlten Vier- und Sechszylindertriebwerken mit 5320 bzw. 7978 cm³ Hubvolumen und 60 bzw. 90 PS Leistung vor. Die unter verrundeten, vollverkleideten Hauben sitzenden Motoren dieser in Halbrahmenbauweise konstruierten Kettenfahrzeuge waren vorderlastig angeordnet. Die Lenkung erfolgte über Lenkkupplungen, deren Wirkung bei engen Wendedurchmessern zusätzlich durch Lenkbremsen unterstützt wurde. Bei diesen Modellen konnten vier verschiedene Kettenbreiten – 350, 400, 460 und als Moorspur sogar 600 mm – aufgezogen werden. Die Schaltgetriebe waren in fünf Vorwärtsgangstufen für Geschwindigkeiten zwischen 2,8 und 7,5 km/h und drei Rückwärtsgänge gegliedert. Ab 1959 ersetzte das auf 65 PS Motorleistung angehobene, in seinen sonstigen Konstruktionsmerkmalen aber weitgehend unverändert gebliebene Raupenschleppermodell DK 75 A – hier ein Fahrzeug von 1960 – den entsprechenden schwächeren Vorgänger. Schon Mitte der 50er-Jahre hatten die Hauben der Deutz-Raupen durch Abschrägung im Frontbereich eine gefälligere Form erhalten. 1974 stellte KHD die Raupenfertigung ein.

RECHTS
Dem Trend nach höheren Schlepperleistungen infolge vieler neuer Anbau- und Zapfwellengeräte in den beginnenden sechziger Jahren Rechnung tragend, stieg KHD im Jahr 1964 erstmals in das Geschäft mit Großtraktoren ein. Mit dem in jenem Jahr nur in kleiner Stückzahl gebauten Modell D 80 entstand der erste Traktor von Deutz, in den ein Sechszylindertriebwerk installiert worden war. Dieser beeindruckend große Blockbauschlepper zählte zu den Spitzenerzeugnissen der damaligen Technik und erregte verdientermaßen in Fachkreisen großes Aufsehen. Anfangs erzeugte sein luftgekühlter Sechszylinder-Viertakt-Dieselmotor F 6 L 812 75 PS aus 5100 cm³ Hubvolumen, die man bereits kurze Zeit später auf 80 PS bei 2300 U/min steigerte. Er besaß ein ZF-Getriebe mit acht Vorwärts- und vier Rückwärtsgängen und die Geschwindigkeiten waren zwischen 0,6 (in der kleinstmöglichen Kriechgangstufe) und 25 km/h abgestuft. Eine Motorzapfwelle und reichhaltiges Zubehör waren in dieser Klasse selbstverständlich. Mit einem zulässigen Gesamtgewicht von 6288 kg war dies schon ein recht schwerer Brocken, der bei allen in Großbetrieben anfallenden Arbeiten in seinem Element war. Hier ein Fahrzeug mit Fritzmeyer-M-215-Wetterverdeck aus dem genannten Jahr.

DIESE SEITE

Das ebenfalls 80 PS starke Nachfolgemodell des D 80 wurde ab 1965 als D 8005 angeboten und in der Firmenwerbung durchaus berechtigt als ein zugstarker Großschlepper mit überragender Leistung angepriesen. Mit seiner leistungsfähigen Regelhydraulik mit bis zu 3700 kg Hubkraft – verwendet wurde das gleichfalls in der D-Serie eingesetzte „Deutz-Transfermatic-System" – konnte dieser Schlepper größten Belastungen standhalten. Eine eingebaute ermüdungsfreie Hydroblocklenkung erleichterte Lenken und Rangieren wesentlich. Der bequeme, hydraulisch gedämpfte, kunststoffüberzogene Komfortsitz, das übersichtliche Armaturenbrett, die Frontaufstiegsmöglichkeit und die zweckmäßig und funktionell angeordneten Bedienungshebel, sowie die trotz seiner Größe guten Sichtverhältnisse auf die Vorderachse waren für die Zeit vorbildlich und längst nicht überall selbstverständlich. Als Straßenschlepper für den Anhängerbetrieb konnte der D 8005 sowohl mit Druckluft-Bremsanlage und Wetterverdeck, für Forsteinsätze aber auch mit Seilwinde ausgerüstet werden. Ab 1966 war dieses Modell auch in einer Allradvariante, dem Typ D 8005 A, erhältlich. Während oben ein 1965 gebautes Exemplar mit Hinterradantrieb gezeigt wird, ist unten ein Geländeschlepper D 8005 A von 1966 zu sehen.

EICHER

OBEN

Der Bau von Traktoren ging bei den in Forstern bei München ansässigen Gebr. Eicher-Traktorenwerken auf den erfolgreichen Versuch der Gebrüder Eicher zurück, im väterlichen Landmaschinen-Reparaturbetrieb im Jahr 1936 einen ersten, von einem wassergekühlten 20-PS-Deutz-Dieselmotor angetriebenen Ackerschlepper auf die Räder zu stellen. Dieser verkaufte sich – fortan in Kleinserie gefertigt – auf Anhieb gut. Das seit 1938 gegenüber dem Erstlingswerk leicht verbesserte, in Blockbauweise gefertigte Serienmodell T 22 verfügte über den als Antriebsaggregat für die damalige Einheits-Schlepperklasse sehr bedeutsamen wassergekühlten 22-PS-Deutz-Motor F 2

M 414, an den ein viergängiges Prometheus-Getriebe mit Übersetzung für maximal 16 km/h Geschwindigkeit angeblockt war. Riemenscheibe und Zapfwelle waren serienmäßig, eine Seilwinde war auf Wunsch erhältlich. Die Konstruktion wusste derart zu überzeugen, dass sie sogar in das Schell-Programm aufgenommen wurde. Auf diesem Bild ist ein 1939 gebauter, aufwendig restaurierter T 22 zu sehen. Er kostete damals 5360 Reichsmark und befindet sich noch heute in den Händen seines Erstbesitzers.

LINKS UNTEN

Nachdem die Eicher-Traktorenwerke während des Krieges beim Bau von BMW-Flugmotoren mit der bisher bei Traktormotoren unbekannten Luftkühlung in Berührung gekommen waren, versuchte man die dabei gewonnenen Erfahrungen auch auf den Schlepperbau zu übertragen. Dies hatte zur Folge, dass Eicher mit dem Typ ED 16 bereits 1948 den ersten luftgekühlten Dieselschlepper der Welt vorstellen konnte. Schon bald bestand das Typenprogramm dieses Herstellers aus mehreren Modellen, die anfangs aber noch nicht vollständig mit eigenentwickelten luftgekühlten Aggregaten ausgerüstet werden konnten. So war man gezwungen, in diesen Fällen weiterhin auf wassergekühlte Fremdfabrikate zurückzugreifen. Ein derartiges von Deutz bezogenes Zweizylinder-25-PS-Triebwerk besaß der seit 1950 lieferbare mittelschwere Eicher-Typ ED 25/II, der hier auf der gegenüber liegenden Seite unten in einem 1952 gebauten Exemplar zu sehen ist.

UNTEN

Die luftgekühlten Dieselmotoren wurden von Eicher kontinuierlich zu Zwei- und Dreizylinderaggregaten weiterentwickelt, wobei die Kühlung eines jeden Zylinders mittels eines Radial-Gebläses das besondere Charakteristikum dieser Motoren blieb. Der zwischen 1955 und 1956 gefertigte Typ ED 30/16 war das erste Eicher-Traktorenmodell, in dem der neu entwickelte Zweizylindermotor ED 2 e verwendet wurde. Er ersetzte damit das entsprechende Deutz-Aggregat, das man weiterhin in den Typ L 28 einbaute. Der neue Motor verfügte über 2596 cm^3 Hubvolumen und erzeugte 30 PS bei 1650 U/min Nennleistung. In diesem 1890 kg schweren Traktor war ein Fünfganggetriebe der Zahnradfabrik Friedrichshafen mit zusätzlichem Kriechgang eingebaut. Ganze 79 Stück wurden von diesem Modell gefertigt. Bereits wenige Monate später reduzierte man die Motorleistung auf 26 PS und änderte die Typenbezeichnung folgerichtig in ED 26. Hier ein ED 30/16 von 1956.

LINKS

1953 konnte die Motorleistung des bisher 16 PS starken, im Eicher-Modell ED 16/II verwendeten luftgekühlten Einzylinder-ED-1-b-Triebwerks mit 1425 cm^3 Hubvolumen auf 19 PS gesteigert werden, nachdem das neue, stärker belastbare fünfgängige Hurth-G-76-Getriebe zum Einbau gekommen war. Der bis 1957 gebaute Traktor mit 1420 kg Eigengewicht wurde in der Verkaufsbezeichnung unverändert weitergeführt und erreichte mit 19,3 km/h seine größtmögliche Geschwindigkeit. Hier ein 1954 gebautes Fahrzeug mit Fritzmeyer-Wetterdach.

LINKS

Der zwischen 1956 und 1960 erhältliche Eicher ED 13/I war mit der letzten und kleinsten Ausführung des Einzylinder-Eicher-Triebwerks bestückt. Anfänglich stellte dieses 13 PS bei 1500 U/min zur Verfügung; zwei Jahre später wurde die Motorleistung auf 14 PS angehoben. Der Motor war kombiniert mit einem wahlweise fünf- oder sechsgängigen ZF-Getriebe, das über einen zusätzlichen Kriechgang verfügte. Mit insgesamt 6380 gefertigten Einheiten war der Absatz recht zufriedenstellend; auf der gegenüber liegenden Seite unten ein Fahrzeug von 1957.

OBEN

Um auch die zu Beginn der 50er-Jahre bestehende starke Nachfrage nach ausgesprochenen Kleinschleppern abdecken zu können, entstand im Jahre 1953 das Eicher-Modell EKL 11/II unter Verwendung des 11 PS starken luftgekühlten Einzylinder-Viertakt-Deutz-Motors F 1 L 612 mit 763 cm³ Hubraum. Dieser Schlepper wurde überwiegend mit einem fünfgängigen Hurth-Getriebe, in geringer Stückzahl aber auch mit einem ähnlichen Räderwerk der Zahnradfabrik Friedrichshafen ausgeliefert. Bis zur Fertigungseinstellung im Jahr 1957 konnten 2188 Einheiten verkauft werden. Dieser EKL 11/II b entstammt dem Jahrgang 1954.

RECHTS OBEN

1956 füllte der mit dem luftgekühlten, 33 PS starken Zweizylinder-Eicher-Triebwerk ED 2 b und 2851 cm³ Hubraum ausgerüstete ED 33 die Leistungslücke im Verkaufsprogramm, die der zum ED 26 zurückgestufte ED 30 hinterlassen hatte. Den zugstarken ED 33 gab es sowohl mit Getriebe- als auch mit Motorzapfwelle, wobei unterschiedliche ZF-Fünfganggetriebe mit zusätzlichen Kriechgängen verwendet wurden. 2500 kg Gesamtgewicht brachte dieser Traktor, dessen Bau 1958 zugunsten des ED 210 eingestellt wurde, auf die Waage. Insgesamt wurden nur 265 Maschinen gefertigt; im Bild ein Exemplar von 1957.

LINKS

Das mit dem gleichen Triebwerk bestückte Modell ED 210/10 löste 1958 den ED 33 ab. Äußerlich unterschied er sich von jenem durch eine leicht geänderte, bauchige Motorhaube mit oberen Lüftungsschlitzen und einer vorn angebrachten Zapfwelle. Das moderne ZF-A-10-Getriebe besaß fünf Vorwärtsgänge sowie eine bei den ersten drei Vorwärts- und dem Rückwärtsgang wirksam werdende Kriechgruppe. Insgesamt standen somit zehn Schaltstufen zur Verfügung. Weiterhin ist erwähnenswert, dass in diesem Getriebe eine Klauen- oder Stiftschaltung anstelle der früher verwendeten Schubradschaltung zum Tragen kam. Der ED 210 blieb bis 1960 im Programm und wurde 660 mal produziert. Im Bild ist ein Exemplar von 1958 zu sehen.

UNTEN

Seit Mitte der Fünfziger befanden sich auch unterschiedlich ausgeführte zweiholmige Geräteträger im Eicher-Verkaufsprogramm. Deren Absatz ließ allerdings zu wünschen übrig, was aber mit der ansonsten guten Auftragslage kompensiert werden konnte. Das stärkste Fahrzeug dieser Reihe war der zwischen 1960 und 1964 in genau 1102 Exemplaren produzierte G 280 Kombi, ein Zweizylindermodell mit 1963 cm³ Hubraum und 30 PS Motorleistung. Dieses Fahrzeug – im Bild ein Exemplar von 1962 – war damit motorisch ausreichend bestückt und besaß ein fortschrittliches ZF-Getriebe sowie erstmals bei einem Geräteträger dieses Herstellers eine Motorzapfwelle mit Doppelkupplung.

RECHTS

Der ab 1957 in nur 46 Einheiten gefertigte schwere Dreizylinder-Schlepper ED 50 von Eicher gehörte mit zu den seinerzeit stärksten Traktoren auf dem deutschen Markt. Er wurde nur noch durch das Spitzenmodell ED 60 aus dem eigenen Hause übertroffen. Das luftgekühlte Antriebsaggregat ED 3 d mit 4671 cm³ Hubvolumen stammte aus eigener Fertigung und stellte 50 PS bei 1500 U/min zur Verfügung. In dem ZF-A-23-Getriebe standen insgesamt neun Gangstufen, davon zwei Kriechgänge, zur Wahl. Mit 3075 kg Eigengewicht war dieser in der üblichen Blockbauweise konstruierte Bolide schon eine eindrucksvolle Erscheinung; hier ein 1958 gebautes Fahrzeug mit Seilwinde.

OBEN

Ende des Jahres 1958 präsentierten die Eicher-Werke mit den Modellen „Panther" und „Tiger" zwei völlig neu konzipierte Traktormodelle. Diese Typen stellten die ersten Glieder der mittlerweile schon legendär gewordenen Raubtierklasse dar, welche dem Unternehmen weiterhin einen guten Platz in der Spitzengruppe der Zulassungsstatistik bescheren sollten. Es waren dies aber nicht nur optisch gut proportionierte Modelle, sie hatten auch neuentwickelte luftgekühlte Antriebsaggregate mit teilweise neuen Getrieben erhalten. Mit dem Modell EM 100 „Leopard" erschien 1960 das kleinste Modell und der einzige Einzylinder in der Raubtierreihe. Der luftgekühlte EDK-1-Motor zog aus 981 cm³ Hubraum eine Leistung von 15 PS bei 2000 U/min Nenndrehzahl. Es war ein als Tragschlepper entwickeltes Fahrzeug mit Kraftheber, aber ohne Regelhydraulik, dessen Optik 1962 den stärkeren Modellen der Klasse angeglichen wurde. 1966 lief die Produktion des Leoparden aus und aufgrund der rückläufigen Verkaufszahlen in dieser Klasse blieb er ohne Nachfolger. Hier ein „Leopard" aus dem Jahr 1961.

LINKS UNTEN

Im Zuge der Modellpflege wurde der seit 1958 erhältliche EM 295 „Panther" im Jahr 1962 leistungsmäßig aufgewertet. So verstärkte man dessen luftgekühltes 1700-cm³-Zweizylinder-Viertakt-Dieselaggregat von 19 auf 22 PS. Das neue Modell konnte nun auch als Tragschlepper für den Zwischenachsanbau verwendet werden. Als weitere vorteilhafte optische Maßnahme wurden die Scheinwerferhalter vom Vorderachsbock unsichtbar an die Motorhaube verlegt. Auch das nun eingebaute sechsgängige ZF-A-6-Getriebe war verstärkt worden. In dieser Ausführung – abgebildet ist ein EM 295 b von 1963 – blieb dieser mittelschwere Schlepper bis 1968 im Verkaufsprogramm.

DIESE SEITE

Nachdem sich bereits seit 1959 ein 45-PS-Schlepper mit Namen „Mammut" im Eicher-Typenprogramm befunden hatte, erschien 1964 das verbesserte Nachfolgemodell EM 500 „Mammut I", bei dem das neu entwickelte und in der Leistung gedrosselte luftgekühlte Vierzylinder-EDK-4-Aggregat des EM 600 „Mammut II" Verwendung fand. Während bei Letzterem anfänglich 55, später 60 und ab 1967 sogar 62 PS aus dem direkteinspritzenden 3927-cm³-Triebwerk herausgeholt wurden, leistete jenes des „Mammut I" 50 PS bei 2000 U/min Nenndrehzahl. Diese fortwährenden Leistungssteigerungen waren das Resultat eines in den 60er-Jahren verstärkt einsetzenden Markttrends nach immer stärkeren Traktoren. In beiden Varianten war ein ZF-Getriebe des Typs A 216 II mit acht Vorwärts- und vier Rückwärtsgängen eingebaut. In einer gleichfalls lieferbaren Schnellgangausführung wurden 28 km/h als größtmögliche Geschwindigkeit erreicht. Serienmäßig gab es für diese auch mit Allradantrieb lieferbaren Traktoren eine Differenzialsperre sowie eine Doppelkupplung zum fahrunabhängigen Betrieb der Motorzapfwelle zum störungsfreien Einsatz zapfwellengetriebener Vollerntemaschinen. Die Regelhydraulik war mit automatischer Tiefensteuerung und selbsttätiger Höheneinstellung ausgebildet. Diese hochentwickelten schweren Schlepper mit ihren großen Kraftreserven und tief liegenden Schwerpunkten brauchten vor keiner noch so harten Arbeit zu kapitulieren. Oben ein EM 500 von 1968; der links gezeigte EM 600 entstand im Jahr 1963.

Ensinger

OBEN

1948 begann die in Michelstadt/Odenwald ansässige Firma Christian Ensinger-Fahrzeugbau mit dem Bau von überwiegend aus Fremdteilen bestehenden Ackerschleppern, sogenannten Konfektionsschleppern, in Kleinstserie. Neben einem 20-PS-Modell erschien 1949 erstmals der Typ AS 15, ein in rahmenloser Blockbauweise konstruiertes und durch ein 15 PS starkes Einzylinder-Viertakt-MWM-Dieselaggregat mit 1178 cm³ Hubraum motorisiertes Fahrzeug. Zum Einbau gelangte ein aus eigener Entwicklung stammendes Vierganggetriebe, das in der höchsten Gangstufe dem 1370 kg schweren Schlepper 16,8 km/h Höchstgeschwindigkeit ermöglichte. Obwohl die Traktoren, zu denen sich zum Schluss noch ein 24-PS-Modell gesellte, gut und solide verarbeitet waren und in den Jahren 1949 und 1950 auf den jeweiligen DLG-Ausstellungen präsentiert wurden, glänzten sie durch Unauffälligkeit und hatten kaum technische Innovationen zu bieten, so dass das Interesse des Publikums an ihnen sehr verhalten blieb. Dies war selbstverständlich zu wenig, um den Serienbau erfolgreich fortsetzen zu können. Noch 1950 übernahm daher die Firma Bischoff in Recklinghausen die Konstruktionsunterlagen, die sie für Eigenentwürfe zu nutzen wusste. Hier ein AS 15 von 1949.

FAMO

UNTEN
Die FAMO – Fahrzeug- und Motorenwerke GmbH, Breslau, wurden 1935 von den in Dessau ansässigen Junkers-Flugzeugwerken gegründet. Nach der unmittelbar darauf folgenden Übernahme der ortsansässigen Linke-Hofmann-Busch-Werke wurde auch deren Fertigung von Kettenschleppern fortgeführt. 1936 trat das Unternehmen mit der Konstruktion eines schweren Radschleppers für den Ackereinsatz hervor, der vor allem für die östlich der Oder gelegenen landwirtschaftlichen Großbetriebe und Güter vorgesehen war. Dieses Fahrzeug war mit einem leistungsstarken, aus dem Kettenschlepper „Boxer" stammenden wassergekühlten Vierzylinder-Viertakt-Vorkammer-Dieselmotor des Fabrikats Kämper bestückt, aus dessen Hubraum von 5021 cm^3 zunächst 40, später 42/45 PS erzeugt wurden. Leistungsmäßig entsprach der mit fünf Vorwärts- und einem Rückwärtsgang ausgerüstete blockkonstruierte Schlepper in etwa dem späteren Hanomag R 40. Da sich der Ackerschlepper hervorragend bewährte, wurde diesem eine mit Druckluftbremsanlage ausrüstbare Straßenversion mit veränderter Getriebeübersetzung zur Seite gestellt, die auch mit festem Fahrerhaus erhältlich war. Im ersten Gang konnten 40 t, in der fünften Gangstufe mit 25 km/h Geschwindigkeit immerhin noch 16 t bewegt werden. Hier ein restaurierter Straßenschlepper von 1938.

OBEN

Dieses Bild zeigt einen 1939 gebauten, noch unrestaurierten Famo-Straßenschlepper. Im Zuge des Schell-Planes und wegen der Bedeutung des Werkes als Rüstungsbetrieb – das Breslauer Unternehmen war der einzige Hersteller des für die Wehrmacht sehr wichtigen schweren Halbketten-Zugkraftwagens 18 t – musste die Schlepperproduktion im Jahr 1942 eingestellt werden.

DIESE SEITE

Gegen Ende des Krieges konnten große Teile der Produktionsanlagen der Famo-Werke noch rechtzeitig nach Mitteldeutschland verlagert werden, so dass der bewährte Radschlepper nahezu unverändert als Typ RS 01/40 „Pionier“ ab 1949 zunächst bei den Zwickauer Horch-Werken in der Sowjetisch Besetzten Zone (SBZ) und späteren DDR produziert werden konnte. In Westdeutschland wurde der Nachbau dieses Schleppers zwar ebenfalls erwogen und mehrfach angekündigt, dann aber doch nicht in die Tat umgesetzt. Die nach Kriegsende in Krefeld ansässige Famo-Vertriebsgesellschaft widmete sich fortan nur noch der Ersatzteilversorgung, nahm aber in Zusammenarbeit mit der Waggonfabrik Rathgeber AG, München, die Neukonstruktion von Kettenschleppern in Angriff. Hier ist ein restaurierter Famo-Straßenschlepper aus dem Jahr 1941 zu sehen.

FAHR

OBEN

Die für die Entwicklung von Landmaschinen und Traktoren sehr bedeutsame, im südbadischen Gottmadingen ansässige Maschinenfabrik Fahr AG ging auf sehr bescheidene Anfänge zurück. 1870 begann der Betrieb mit dem Bau von Landmaschinen unterschiedlicher Art, und zu Beginn der 1930er-Jahre hatte sich das mittlerweile ausschließlich auf Erntemaschinen spezialisierte Unternehmen eine führende Marktposition erarbeitet, als es sich nun auch mit dem Traktorenbau zu beschäftigen begann. Mit dem Einheitsschleppermodell F 22 stellte man Ende 1938 das erste Fahrzeug auf die Räder. Diese Konstruktion besaß das für diese Klasse so bedeutsame, 22 PS starke, wassergekühlte, zweizylindrige F 2 M 414-Viertakt-Dieseltriebwerk von Deutz, das mit einem Fünfganggetriebe eigener Fertigung fest verblockt war. Dieser stilistisch formschöne und recht wendige Ackerschlepper besaß infolge seiner niedrigen Bauweise eine tiefe Schwerpunktlage und war stark genug für die damals auf dem Markt befindlichen Erntemaschinen, was auch als wichtiges werbliches Verkaufsargument herausgestellt wurde. Zum serienmäßigen Lieferumfang zählte eine mittig angeordnete Zapfwelle, die damit beidseitig mit Anhängegeräten betrieben werden konnte. Für die zweckmäßige Anordnung der Anhänge- und Antriebspunkte kamen diesem Hersteller seine langjährigen Erfahrungen im Landmaschinenbau zugute. Serienmäßig war der F 22 mit luftbereiften 9-24-Hinterrädern ausgerüstet, die eine Höchstgeschwindigkeit von 19 km/h erlaubten. Die Ausführung T 22 mit Eisenrädern hingegen war für ausschließliche Ackerarbeit gedacht. Hier ist ein 1940 gebauter F 22 abgebildet.

UNTEN
Nach Kriegsende konnten die Fahr-Werke erst 1948 mit ihrer Schlepperfertigung neu beginnen. 1950 bestand das Dieselschlepperprogramm aus drei Typen zwischen 15 und 30 PS. 1952 ersetzte das mit dem leistungsmäßig auf 25 PS angehobenen Deutz-Triebwerk F 2 M 414 ausgerüstete Modell D 25 – hier ein im gleichen Jahr gebautes Exemplar – den bisher angebotenen Typ D 22. Auch in diesen Traktor gelangte ein fünfgängiges Fahr-Getriebe mit auf Sonderwunsch lieferbarem Kriechgang zum Einbau. Die Spurweite des vorn mit Pendel- und hinterer Portalachse ausgerüsteten mittelschweren Schleppers war zweifach verstellbar. Riemenscheibe, Zapfwelle, Mähwerk, hydraulischer Kraftheber, Anhängschiene, Anhängerkupplung, Seil- und Spillwinde gehörten zur Serienausstattung bzw. waren gegen Aufpreis erhältlich. Darüber hinaus gab es die Ausführung H als Hochradschlepper speziell für Hackfrucht- und Kulturarbeiten mit 9-42-Bereifung. Das Gesamtgewicht des D 25 N betrug 1880 kg und in der fünften Schaltstufe betrug seine Höchstgeschwindigkeit 19,7 km/h.

OBEN

Bereits zu Beginn der 50er-Jahre folgte auch Fahr dem Trend nach luftgekühlten Triebwerken. Neben Deutz-Motoren unterschiedlicher Leistung wurden auch solche von MWM und Güldner für den eigenen Schlepperbau bezogen. Wurden zunächst noch beide Kühlungssysteme nebeneinander angeboten, so hatte man bis 1955 den endgültigen Wechsel zur Luftkühlung vollzogen. Die Luftkühlung hatte infolge ihrer unbestreitbaren Vorteile wie dem geringeren Gewicht, einer vereinfachten Wartung sowie besserer thermischer Eigenschaften viele Befürworter. Einen luftgekühlten Zweizylinder-Viertakt-Dieselmotor mit 1305 cm^3 Hubvolumen des Typs 2LD von Güldner besaß das 1955 vorgestellte Fahr-Modell D 130, das 17 PS bei einer Nenndrehzahl von 2000 U/min aus seinem Hubraum holte. Die Spurweite dieses bis 1957 produzierten 1700 kg schweren Dieselschleppers war achtstufig verstellbar. Auch in diesem Fall war ein Fünfganggetriebe mit zusätzlichem Kriechgang von ZP eingebaut und mit dem Antriebsaggregat verblockt. Das 1955 gebaute Fahrzeug dieser Abbildung ist mit einem Wetterdach ausgerüstet.

LINKS
In den ebenfalls seit 1955 lieferbaren Fahr-Traktor D 270 hingegen war der 32 PS starke luftgekühlte Zweizylinder-Viertakt-Dieselmotor F 2 L 514 von Deutz installiert. Der mit dem bewährten, auf Wunsch mit Kriechgang erhältlichen fünfgängigen Schaltgetriebe des Fabrikats Fahr bestückte Schlepper gehörte mit einer maximalen Zughakenkraft von 2400 kg bereits der stärkeren Leistungsklasse an und war damit auch für den Mähdrescher- und Feldhäckslerbetrieb geeignet. Motorzapfwelle, hydraulischer Kraftheber, Mähwerk, Riemenantrieb, Verdeck, Frontlader, 3-Punkt-Aufhängung und Seilwinde galten als Sonderzubehör. Hier ein Traktor von 1956.

RECHTS
Der seit 1954 im Verkaufsprogramm enthaltene Fahr-Schlepper D 160 H war noch mit einem wassergekühlten Zweizylinder-Viertakt-Dieseltriebwerk des Fabrikats Güldner bestückt. Aus seinem Hubraum von 1620 cm³ brachte der Motor 22 PS bei 1800 U/min hervor. Das Eigengewicht betrug 1475 kg, die höchste Zughakenkraft 1900 kg. Ein Fünfganggetriebe sowie die üblichen Zubehör- und Anbauteile gehörten zum Ausrüstungsstandard. Der mit einem Umsturzbügel versehene Schlepper dieser Abbildung besitzt 11-28-Bereifung und entstand 1955.

DIESE SEITE

Aus der 1956 intensivierten Zusammenarbeit zwischen Fahr und dem Schlepper- und Motorhersteller Güldner, dessen Triebwerke man bislang häufig verwendet hatte, entstand in Gemeinschaftsarbeit der leichte Dieseltragschlepper D 88, der zuerst über 13, ab 1959 über 15 PS verfügte. Er besaß einen Zweizylinder-Viertakt-Dieselmotor von Güldner mit 885 cm^3 Hubvolumen und war mit einem Schaltgetriebe, das sechs Vorwärts- und zwei Rückwärtsgänge aufwies, bestückt. Die erste Gangstufe war als Kriechgang ausgelegt. Die schlanke Wespentaillenbauweise, die den Zwischenachsanbau zuließ, bot vom Fahrersitz gute Übersicht auf Maschine und Geräte. Bei einem Eigengewicht von nur 865 kg besaß dieser Kleinschlepper mit 1150 kg eine verhältnismäßig hohe Zughakenkraft. Eine große Bodenfreiheit und tiefe Schwerpunktlage waren weitere positiv hervortretende konstruktive Eigenschaften des D 88. Auch äußerlich hinterließ dieser modern und elegant gestylte Schlepper, der auch von Güldner gefertigt wurde, mit seiner neuartigen, nach vorn gerückten sogenannten Reitsitzposition des Fahrers einen ausgezeichneten Eindruck. Oben ist ein Fahrzeug von 1956 zu sehen, das untere Exemplar – beide mit Mähwerk – entstand ein Jahr zuvor.

RECHTS

Auch in der schweren Klasse waren die Fahr-Werke schon sehr früh präsent. Mit dem Schlepper D 45 L war bereits ab 1951 eine Maschine erhältlich, die sich besonders für schwere landwirtschaftliche Arbeiten eignete und das Typenprogramm nach oben hin abrundete. 1955 wurde dieses Modell von seinem mit 45 PS gleichstarken Nachfolger D 400 abgelöst, der mit dem identischen luftgekühlten Dreizylinder-Viertakt-Dieseltriebwerk von Deutz ausgerüstet war. Dieses solide und zuverlässige Fahrzeug mit seinem Fünfgang-Schaltgetriebe und zusätzlichem Kriechgang wurde nur von dem noch stärkeren Fahr-Modell D 540 übertroffen. Der 2420 kg schwere Schlepper konnte, zusätzlich zu den üblichen Zubehör- und Anbaugeräten, sowohl mit Seilwinde als auch mit Druckluftbremsanlage – für überwiegenden Straßeneinsatz gab es eine anders abgestufte schnellere Getriebeausführung – bestückt werden und erreichte eine maximale Zughakenkraft von 3260 kg. Die schweren Fahr-Modelle wurden zwar nur in kleinen Stückzahlen verkauft, konnten sich aber bis 1958 halten. Hier ein Fahrzeug von 1956.

UNTEN

Die zum Zwecke der Kosteneinsparung und besseren Wettbewerbsfähigkeit verstärkt aufgenommene Zusammenarbeit zwischen Fahr und Güldner führte mit der neu entwickelten Fahr-Güldner-Europa-Reihe zu einem aufeinander abgestimmten Typenprogramm. Das bedeutete, dass beide Partner die gleichen Typen bauten, die sich äußerlich nur durch die Form der Motorhauben und die Lackierung voneinander unterschieden, in technischer Hinsicht aber weitgehend identisch waren. Bei drei der vier unterschiedlich motorisierten Typen dieser Reihe gelangten Triebwerke von Güldner zur Verwendung. Besonderer Wert wurde auf die weitgehende Austauschbarkeit vieler Teile innerhalb der Reihe gelegt. Nur für das leistungsstärkste Fahrzeug, den 34 PS starken Fahr D 177, hatte man sich für das im „Unimog“ bewährte wassergekühlte Vierzylinder-Viertakt-Dieselaggregat von Daimler-Benz entschieden. Damit gab es nun doch wieder einen wassergekühlten Traktor von Fahr. Dieses seit 1958 erhältliche, mit einem Achtganggetriebe bestückte Spitzenmodell von Fahr zeichnete sich durch leichte Bauweise und langen Radstand aus und entsprach in technischer Hinsicht dem neuesten Entwicklungsstand. Ab 1960 gab es – hier ein Fahrzeug aus diesem Jahr – die serienmäßig mit einem Schnellganggetriebe ausgestattete Ausführung D 177 S. Trotz beeindruckender Verkaufserfolge reichte die Kraft des Familienunternehmens nicht aus, um die für Neukonstruktionen erforderlichen Investitionen aufzubringen. So blieb nach der Übernahme durch den KHD-Konzern nur noch die Fertigungsaufgabe übrig.

FENDT

OBEN

Die Voraussetzungen für den Traktorenbau der Werkzeugmaschinenfabrik Xaver Fendt & Co. in Marktoberndorf schufen die mit motorisierten Grasmähern gemachten Erfahrungen. Hermann Fendt konstruierte 1937 im väterlichen Betrieb den verdampfungsgekühlten Kleinschlepper F 18, der als erster Traktor Europas mit einer fahrunabhängigen, auch unter Last schaltbaren Zapfwelle ausgerüstet war. Dann folgte mit dem Typ „Fendt-Dieselross F 22" das erste in Blockbauart konstruierte Modell, das mit dem wassergekühlten, 22 PS starken Zweizylinder-Deutz-Triebwerk F 2 M 414 und einem viergängigen Prometheusgetriebe ausgestattet war, dessen Geschwindigkeiten zwischen 3,7 und 15 km/h lagen. Dieses eigens für die Bestückung von Fremdschleppern – Deutz hat diese Maschine nie in einen eigenen Traktor eingebaut – konstruierte Vorkammer-Dieseltriebwerk hatte entscheidenden Anteil daran, dass die Einheitsschlepper, zu denen ja auch der F 22 gehörte, mit einem soliden und zweckmäßigen Aggregat ausgerüstet werden konnten. Diese sehr robusten, in großen Stückzahlen gebauten Schlepper der 22-PS-Klasse brachten für viele Bauernhöfe den Einstieg in die Motorisierung, und auch der F 22 war, wie die zeitgenössische Werbung verhieß, ein „unentbehrlicher Helfer in der Erzeugungsschlacht". Für den F 22 gab es Zapfwelle, Riemenscheibe und Mähwerk als Zusatzgeräte. 1949 wurde dieser nun mit einem MWM-Motor und einem Getriebe von ZF ausgerüstete Schlepper für kurze Zeit angeboten. Hier ist ein Fahrzeug dieses Baujahrs zu sehen.

DIESE SEITE

Das Jahr 1949 bildete den Ausgangspunkt für die bis heute währende intensive Zusammenarbeit mit den Motoren-Werken-Mannheim, deren Triebwerke in Fendt-Traktoren fast ausschließlich verwendet wurden. Fendt konnte bereits 1950 mit seiner Produktpalette einen Marktanteil von 10 % und damit den vierten Platz in der Zulassungsstatistik erreichen. 1951 erschien eine neue Generation blockkonstruierter Dieselschlepper in einem einheitlichen schmalen äußeren Erscheinungsbild mit Leistungen zwischen 12 und 40 PS, die wahlweise mit wasser- oder luftgekühlten ein- bis dreizylindrigen MWM-Motoren ausgerüstet werden konnten. Das kleinste Modell war das „Fendt-Dieselross F 12", ein leichter Schlepper mit geringem Bodendruck und großer Bodenfreiheit, der sich besonders gut für Hack- und Bestellarbeiten eignete. In diesen Kleinschlepper gelangte ein zweckmäßig übersetztes sechsgängiges Zahn- und Klauenschaltgetriebe mit zwei Rückwärtsstufen zum Einbau. Die erste Fahrstufe war als Kriechgang für Geschwindigkeiten zwischen 0,9 und 1,8 km/h ausgebildet. Wie bereits erwähnt, konnte der Kunde zwischen der luftgekühlten Motorausführung des Typs HL und der wassergekühlten Version GH wählen. Beide ansonsten nahezu identischen Traktoren – die hier gezeigten Fahrzeuge besitzen Luftkühlung und sind von 1954 – waren mit Einzylinder-Viertakt-MWM-Dieselmotoren, zwar mit geringfügig voneinander abweichenden Hubraummaßen, aber einheitlicher Leistung von 12 PS bei 2000 U/min Nenndrehzahl bestückt.

OBEN

Lange Zeit das Flaggschiff bei Fendt war das erstmals auf der DLG-Ausstellung in Hamburg im Mai 1951 vorgestellte Dieselross-Modell F 40, welches einen wassergekühlten dreizylindrigen Viertakt-MWM-Dieselmotor besaß, der aus dem vorhandenen Hubvolumen von 3534 cm³ 40 PS bei 1500 U/min erzeugen konnte. Fünf Vorwärtsgänge und eine Rückwärtsfahrstufe standen in dem Getriebe der Zahnradfabrik Passau zur Verfügung. Wahlweise war für dieses Modell sowohl ein Kriechgang als auch eine Schnellgangübersetzung für Geschwindigkeiten bis zu 28 km/h erhältlich. Dieser schwere Schlepper mit 2170 kg Eigengewicht war in verschiedenen Reifengrößen und mit umfangreichem Zubehör lieferbar. Bis zu seiner Fertigungseinstellung im Jahre 1958 konnten nur relativ geringe Stückzahlen dieses Großschleppers vermarktet werden.

RECHTS OBEN

Mit dem Modell F 12 GT befand sich im Verkaufsprogramm der Fendt-Werke ab 1953 erstmals ein Geräteträger, der es aber in Bezug auf Motorleistung nur auf recht bescheidene 12 PS brachte. Dieser Nachteil traf auf das zwischen 1958 und 1964 hergestellte, auf Ein-Mann-Bedienung ausgerichtete Modell F 220 GT nicht mehr zu. Mit seinem direkt einspritzenden Zweizylinder-Viertakt-Dieselmotor von MWM mit 1810 cm³ Hubraum verfügte dieser Geräteträger mit 19 PS Leistung bei 2000 U/min Nenndrehzahl nun auch über eine wesentlich stärkere motorische Kraft, die er für Kraftheber und Frontlader auch benötigte. Sechs Vorwärts- und zwei Rückwärtsgänge sowie vier zusätzliche Kriechgangstufen gegen Mehrpreis standen im Getriebe dieses Fahrzeugs zur Verfügung und verbesserten damit die Einsatzmöglichkeiten dieses Geräteträgers bei Pflanz- und Erntearbeiten beträchtlich. Hier ist ein Fahrzeug mit hydraulisch kippbarer Ladepritsche und Wetterdach aus dem Jahre 1959 abgebildet.

RECHTS

Das seit 1956 angebotene Fendt-Modell „Dieselross F 17“ wurde wiederum sowohl in einer wasser- als auch luftgekühlten Ausführung angeboten, wobei die luftgekühlte Version F 17 L in insgesamt 3410 Einheiten, der wassergekühlte Schlepper F 17 W in 2883 Stück bis zur Produktionseinstellung im Jahr 1959 verkauft werden konnten. In beiden Modellen wurde ein sechsgängiges Schaltgetriebe mit zwei zusätzlichen Rückwärtsstufen verwendet. Der Antrieb erfolgte durch ein 17 PS starkes Zweizylinder-Viertakt-MWM-Dieseltriebwerk mit 1400 cm^3 Hubraum in der luftgekühlten, hingegen nur 1250 cm^3 in der wassergekühlten Ausführung. Kurz vor der Einstellung seiner Fabrikation wurde die Motorleistung geringfügig um ein weiteres PS gesteigert. Als zusätzliche Ausstattung waren für die mit unterschiedlichen Bereifungsgrößen erhältlichen Traktoren Dreipunkt-Hydraulik, Mähwerk und Frontlader lieferbar. Dieser wassergekühlte Fendt F 17 WG entstand 1958.

DIESE SEITE

Mit den komplett neugestalteten, im Leistungsbereich von 15 bis 40 PS befindlichen Traktorenbauserien „Fix“, „Farmer“ und „Favorit“ nahm der Marktoberndorfer Schlepperhersteller im Jahre 1958 Abschied von der berühmten Dieselross-Familie, obwohl auch bei den neuen Modellen das bisherige Dieselross-Signet vorn oberhalb des Fendt-Schriftzuges verwendet wurde. Diese neuen Traktoren überzeugten schon äußerlich durch ihr modernes Erscheinungsbild mit in der Motorhaube integrierten Scheinwerfern und der niedrigen Blockbauweise und zählten in den 60er-Jahren zu den überzeugenden Trümpfen im Fendt-Verkaufsprogramm, mit denen sich das Unternehmen – trotz härter werdendem Wettbewerb – bedeutende Marktanteile sichern konnte. Die Modellreihen besaßen alle direkt einspritzende Motoren, wurden laufend aktualisiert und technisch verbessert und blieben, durch neue Varianten ergänzt, bis zum Beginn der siebziger Jahre in der Fertigung. Nachdem zunächst mit dem Kleinschlepper „Fix 1“ und dem Großtraktor „Favorit“ der Einstieg in die neue Generation vollzogen worden war, ergänzte bereits kurze Zeit später das Modell „Farmer 1“ – im Bild oben ein Fahrzeug mit Hinterradgewichten und Umsturzbügel von 1961 – das Verkaufsprogramm. Mit seinem 25 PS starken wasser- oder luftgekühlten Zweizylinder-MWM-Dieselmotor mit 1700 bzw. 1810 cm³ Hubraum verkörperte er genau die für mittelgroße Betriebe vorgegebene Baugröße. In dem 1445 kg wiegenden Schlepper arbeitete ein Getriebe mit sechs Vorwärts- und zwei Rückwärtsgängen, dessen Übersetzung eine Maximalgeschwindigkeit von 20 km/h ermöglichte. Besonders die mit Motorzapfwelle ausgerüstete wassergekühlte Variante war für Mähdrescherbetrieb geeignet. Mit dem auf der DLG-Ausstellung 1960 in Köln vorgestellten Typ „Farmer 2" wurde ein regelrechtes Erfolgsmodell präsentiert, das mehr als ein Jahrzehnt im Programm bleiben sollte und dem sich abzeichnenden Trend nach stärkeren Traktoren Rechnung trug. In diesem Traktor fand ein wassergekühltes Dreizylinder-Aggregat mit 2010 cm³ Hubraum Verwendung, aus dem eine Motorleistung von zunächst 34, ab 1963 35 PS erzeugt wurde. Das Fahrzeug war mit einem Halbsynchrongetriebe mit acht Vorwärts- und vier Rückwärtsgangstufen ausgerüstet und war auf Wunsch in einer Schnellgangausführung mit bis zu 30 km/h Höchstgeschwindigkeit erhältlich. Hier ein Fahrzeug von 1963 mit Wetterdach.

LINKS OBEN

Mit dem leistungsgesteigerten Großtraktor „Favorit 2" konnte Fendt bereits ein Jahr nach dem erfolgreichen Start dieser Baureihe eine neue Variante anbieten. Leistete der üblicherweise von MWM stammende wassergekühlte 3120-cm³-Dreizylinder-Viertakt-Vorkammer-Dieselmotor des „Favorit 1" noch 40 PS, so konnte die nachfolgende Ausführung bereits mit sechs zusätzlichen Pferdestärken aufwarten. In dem gut abgestuften, mittels Stiftkupplung arbeitenden Halbsynchrongetriebe, bei dem der Schnellgang auf 30 km/h Maximalgeschwindigkeit ausgelegt war, standen insgesamt zwölf Schaltstufen zurVerfügung. Der mit Motor- oder Wegzapfwelle ausrüstbare „Favorit 2" brachte 2500 kg auf die Waage und besaß ein reichhaltiges Zubehör. Abgebildet ist ein 1963 gebautes Fahrzeug mit Allwetterverdeck.

LINKS UNTEN

Der seit 1966 gefertigte, auch in einer Allradausführung erhältliche Schlepper „Farmer 3 S" von Fendt zählte aufgrund seiner zahlreichen technischen Neuheiten zu den modernsten Traktoren, die der Markt seinerzeit zu bieten hatte. Ausgerüstet mit dem aus dem „Favorit 3" stammenden, auf 45 PS gedrosselten MWM-Vierzylinder-Viertaktmotor mit Direkteinspritzung, besaß dieses Modell ein neues, gut abgestuftes Gruppenschaltgetriebe eigener Konstruktion, das 13 Vorwärts- und vier Rückwärtsgangstufen aufwies. Die „Turbomatik", eine zwischen Motor und Verteilergetriebe eingebaute ölhydraulische Kupplung, und der Drehmomentwandler gehörten zu den besonderen technischen Neuerungen, die den „Farmer 3 S" zu einem in den sechziger Jahren sehr erfolgreichen Mehrzweckschlepper – hier ein 1967 gebautes Fahrzeug mit Hinterradantrieb – machten. Bekanntlich hat sich Fendt in den letzten Jahren zum unangefochtenen Spitzenreiter auf dem deutschen Schleppermarkt emporgearbeitet.

Güldner

OBEN

Die 1904 in Aschaffenburg von Dr. Hugo Güldner und Prof. Dr. Carl v. Linde gegründete Güldner-Motoren-Gesellschaft gehörte zu den ältesten Motorenherstellern Deutschlands. Das Unternehmen wandte sich Mitte der 30er-Jahre der Entwicklung von Traktoren zu. Ergebnis war ein in rahmenloser Blockkonstruktion ausgebildeter 20-PS-Ackerschlepper der Einheitsbauart des Typs A 20, der 1938 in Produktion ging. Der wassergekühlte langhubige Einzylinder-Viertakt-Dieselmotor stehender Bauart kam, wie nicht anders zu erwarten, aus eigener Fertigung und verfügte über 1547 cm^3 Rauminhalt. In diesen Schlepper war entweder ein Getriebe des Fabrikats Prometheus oder der Zahnradfabrik Passau mit jeweils vier Vorwärtsgangstufen und

einem Rückwärtsgang eingebaut. Beim ersteren lag die Höchstgeschwindigkeit bei 12,8, mit dem ZP-Getriebe entsprechend bei 15 km/h. Zapfwelle, Riemenscheibe und Mähwerk konnten gegen Aufpreis erworben werden. 1942 musste die Fertigung des 1600 kg schweren Traktors zugunsten eines Generatorschleppers eingestellt werden. Das abgebildete Fahrzeug ist von 1941.

LINKS
Im Jahr 1946 kam die Schlepperfertigung bei Güldner langsam wieder in Gang. Als Ersatz für den Ackerschlepper AS 20 wurde als erste Nachkriegs-Neukonstruktion zum Jahresende 1949 das Kleinschleppermodell A 15 vorgestellt. In den folgenden Jahren wurde eine umfangreiche Typenreihe leichter und mittlerer Bauernschlepper mit Motorleistungen zwischen 12 und 35 PS geschaffen, die sich stilistisch durch die charakteristische, haifischmaulähnliche Gestaltung ihres Kühlergrills von den Modellen der Mitbewerber unterschieden. In sämtlichen dieser Güldner-Modelle wurden wassergekühlte Zweizylinder-Viertakt-Dieselmotoren aus eigener Fertigung eingebaut. Hierzu gehörte auch das zwischen 1952 und 1955 fabrizierte Modell ADA, das über ein 22-PS-Triebwerk mit 1620 cm³ Hubraum verfügte. In diesen Traktor wurde ein fünfgängiges ZP-Getriebe eingebaut. Von diesem Modell mit 1380 kg Eigengewicht wurden insgesamt 2748 Einheiten gefertigt – im Bild ein Fahrzeug von 1953.

OBEN
1955 stellten die Güldner-Werke mit dem Modell ABS einen weiteren Ackerschlepper vor, der eine bestehende Lücke im Leistungsangebot schließen sollte. Dieser bis 1958 gebaute Schlepper hatte das um drei PS gedrosselte, wassergekühlte, nun 22 PS starke zweizylindrige 2-BN-Motoraggregat des Modells ABN in Verbindung mit einem sechsgängigen Getriebe der Zahnradfabrik Friedrichshafen erhalten. Mit Standardbereifung war der 1420 kg schwere, in Blockbauweise ausgeführte Schlepper für Geschwindigkeiten zwischen 1,95 und 20 km/h ausgelegt. Das Fahrzeug dieser Abbildung stammt aus dem Jahr 1956.

UNTEN
Erstmals mit dem vorgenannten, allerdings ungedrosselten 2-BN-Motor von Güldner ausgerüstet war das zwischen 1954 und 1958 gebaute Traktorenmodell ABN, das mit einem sowohl von ZF als auch von ZP bezogenen Sechsgang-Schaltgetriebe bestückt war. Ansonsten war dieses Modell mit dem im Folgejahr erscheinenden Typ ABS identisch. Dieser blockkonstruierte Tragschlepper erzeugte aus seinem 1840-cm³-Motor 25 PS bei 1800 U/min. Der serienmäßig mit Zapfwelle ausgerüstete Traktor – hier ein Fahrzeug von 1958 – konnte gegen Aufpreis mit Mähantrieb, Mähwerk, Riemenscheibe, Seilwinde, Verdeck und – wie die übrigen Modelle ebenfalls – mit einem mechanischen Kraftheber des Systems Kratzenberg ausgerüstet werden.

MITTE

Das leichte Güldner-Modell AX war ein Tragschlepper in der aktuellen Wespentaillenbauweise, der ab 1957 mit dem luftgekühlten Einzylinder-Viertakt-Dieselmotor des Typs LX angeboten wurde. Dieses Triebwerk erzeugte aus nur 663 cm³ Hubvolumen 11 PS Leistung bei der Nenndrehzahl von 2500 U/min. Das ZF-A-4-Getriebe besaß sechs Vorwärtsgänge und zwei weitere Stufen für Rückwärtsfahrt. Darüber hinaus konnten auf Wunsch drei zusätzliche Kriechgänge vorwärts und eine entsprechende Stufe als Rückwärtsgang zur Verfügung gestellt werden. Der Geräteanbau bei diesem mit nur 800 kg Eigengewicht sehr leichten Schlepper war hinten oder in der Mitte zwischen den Achsen möglich. Es war das erste Güldner-Modell, das in der aktualisierten, recht elegant wirkenden Motorhaubenform mit ovalem Kühlergitter angeboten wurde. Dieses Fahrzeug ist von 1959.

UNTEN

Bereits 1956, als das Programm der Güldner-Motorenwerke insgesamt zehn verschiedene Typen von 11 bis 27 PS umfasste, war man eine zunächst auf loser Basis bestehende Entwicklungsgemeinschaft mit Fahr eingegangen, die 1958 vertraglich fixiert wurde. Diese Vereinbarung regelte die Aufteilung, Angleichung und Abstimmung der beiderseits vorhandenen Schlepperprogramme zum Zwecke einer besseren Wirtschaftlichkeit. Aus dieser Zusammenarbeit ging schließlich 1959 die bekannte Europa-Reihe hervor. Im Übrigen unterschieden sich die Fabrikate

OBEN

Dem Zeittrend folgend, entwickelte Güldner auch luftgekühlte Motoren, die ab 1954 Zug um Zug als Alternative zu den weiterhin lieferbaren wassergekühlten Aggregaten angeboten wurden. Ein wassergekühlter Kleinschlepper hingegen war das seit 1954 zunächst mit einer 12-PS-Maschine, ab 1954 mit dem Zweizylinder-14-PS-Viertakt-Dieselmotor 2 KN versehene Güldner-Modell AZK, das mit einem fünfgängigen Schaltgetriebe von ZF mit einem zusätzlichen Kriechgang zu erwerben war. Dieser Schlepper blieb – im Bild ein bereits mit neuer Motorhaube ausgerüstetes Modell von 1957 – bis 1958 im Programm und rundete das Verkaufsprogramm dieses Anbieters nach unten ab.

beider Hersteller fast ausschließlich durch die verschiedenartig gestalteten Motorhauben. Die erste Güldner-Entwicklung in der Europa-Reihe war der sowohl wasser- als auch luftgekühlt erhältliche, ab 1960 als Typ „Tessin" bezeichnete, mit Zweizylinder-Dieselmotoren ausgerüstete, in beiden Varianten 20 PS starke Pflegeschlepper, der bis 1962 im Programm blieb. Im Bild ist ein Traktor dieses Baujahrs zu sehen.

OBEN

Zur DLG-Ausstellung 1959 wurde als neues Glied in der Europa-Reihe das Modell A 3 K von Güldner hinzugefügt, das schon bald darauf unter der Bezeichnung „Burgund" angeboten wurde. Dieser Tragschlepper mit seinem luftgekühlten 25-PS-Dreizylinder-Viertakt-Dieseltriebwerk besaß eine gefederte Vorderachse, einen hydraulischen Kraftheber, Regelhydraulik und Zapfwellenantrieb und brauchte damit den Vergleich mit seinen Mitbewerbern nicht zu scheuen. Hier ein „Burgund" des Typs A 3 KTA mit Allwetterverdeck und Mähwerk von 1962.

UNTEN

Mit dem Modell A 4 M „Toledo" befand sich auch ein leistungsfähiger Vierzylinderschlepper im Verkaufsangebot der Güldner-Werke. Infolge der engen Entwicklungsgemeinschaft mit Fahr kam in diesem Schlepper, der ja mit dem Fahr-Modell D 177 weitgehend identisch war, ebenfalls das nach dem Vorkammer-Verfahren arbeitende und im „Unimog" verwendete wassergekühlte Daimler-Benz-Triebwerk OM 636 mit 34 PS zum Einbau. In den gegenseitigen Absprachen war festgelegt, dass dieses stärkste Modell der Europa-Reihe im Hause Fahr gefertigt und lediglich mit einer Motorhaube von Güldner ausgerüstet wurde. Damit bestand diese Typenreihe aus vier unterschiedlich motorisierten Traktoren, deren Fertigung bis zur Auflösung der Zusammenarbeit mit Fahr im Jahre 1962 in weitgehend unveränderter Form aufrecht erhalten wurde. Dieser „Toledo" datiert von 1960.

GANZ OBEN

Neben den gemeinsamen Europa-Modellen führten die Güldner-Werke auch weiterhin eine eigenständige Schlepperproduktion und die Neuentwicklung eigener Motoren fort. Diesem unternehmerischen Weitblick, nicht alle Karten auf die alleinige Zusammenarbeit mit Fahr zu setzen, war es zu verdanken, dass man im Jahr 1961, als die Aufhebung dieser Arbeitsgemeinschaft ziemlich überraschend erfolgte, gerade zum richtigen Zeitpunkt die neue Motorenserie L 79 mit Luftkühlung fertig gestellt hatte. Es waren nach dem Baukastensystem gestaltete Zwei-, Drei-, Vier- und später Sechszylinder-Triebwerke, mit denen 1962 die ersten Schlepper der berühmten G-Reihe vorgestellt werden konnten. Mit dieser überzeugend gelungenen Baureihe gelang es Güldner, seine Eigenständigkeit noch einige Jahre erfolgreich zu behaupten. Es waren qualitativ hervorragende Schlepper, die ohne Zweifel in die Spitzenklasse der damals fortschrittlichsten Modelle einzureihen waren und sicherlich auch die besten Schlepperkonstruktionen, die Güldner in seiner Geschichte hervorbrachte. Das äußere Merkmal dieser nun in einheitlichem Rot lackierten, wohlproportionierten Schlepper waren die zeitlos modern gestalteten Motorhauben mit ihrem markanten Kühlergesicht. Die Getriebe dieser Typenreihe wurden von ZF bezogen und waren auf Wunsch auch in Schnellgang-Ausführungen zu erwerben. Ebenso war die einheitlich verwendete Lenkradschaltung ein Novum, die einen beidseitigen Aufstieg vor den Hinterrädern zuließ. Im Jahr 1963 wurde das Verkaufsangebot um das Dreizylindermodell G 30 erweitert. Das luftgekühlte Triebwerk besaß 2360 cm³ Hubraum, aus dem es seine Leistung von 30 PS bei 1500 U/min bezog. Das abgebildete Fahrzeug ist von 1967.

LINKS

1967 ergänzte Güldner das Programm mit dem auch in einer Allradausführung lieferbaren Modell G 35. Der Traktor mit 1885 kg Eigengewicht besaß den leistungsmäßig auf 35 PS angehobenen 3-L-79-Motor des Schleppers G 30, und auch das installierte ZP-Getriebe 208/III war mit jenem des G 30 identisch. Das hier gezeigte Modell mit Schutzrahmen entstand 1969, dem letzten Jahr, in dem die Firma Güldner Schlepper fertigte.

RECHTS OBEN

Das ab 1963 lieferbare Dreizylinder-Modell G 40 mit 36 PS wurde parallel dazu mit dem gleichen Getriebe in einer 38 PS starken Schmalspurausführung als G 40 W angeboten. Dieser speziell für Reihen- und Sonderkulturen verwendbare Weinbergschlepper entsprach leistungsmäßig durchaus den Modellen der Konkurrenz, dennoch dürften wohl nur wenige Exemplare – hier ein Fahrzeug von 1968 – gebaut worden sein.

RECHTS UNTEN

1965/66 wurde die G-Typenreihe überarbeitet. Im Zuge dieser Maßnahmen kamen neben Leistungserhöhungen bei den bereits bestehenden Typen auch einige neue Modelle hinzu. Dazu gehörte auch der zunächst 65, ab 1967 70 PS starke Schlepper G 75, ein mit dem Sechszylindermotor 6 L 79 mit 4712 cm³ Hubraum bestückter Kraftprotz. Als G 75 A gab es dieses zuletzt sogar 75 PS leistende Spitzenmodell von Güldner auch in einer vierradgetriebenen Variante mit insgesamt 16 Vorwärts- und sieben Rückwärtsgängen. Damit hatte das Unternehmen – im Bild ein hinterradgetriebener G 75 von 1967 – den Zenith seiner technisch sehr ausgereiften G-Schlepperreihe erreicht. Die Fahrzeuge der gesamten Reihe konnten mit einer großen Zahl von Zusatzgeräten bestückt werden. Neben Mähwerk, Frontlader, Druckluftanlage, Seilwinde und vielen weiteren Teilen zählte auch eine Frontzapfwelle dazu, der die damaligen Mitbewerber nichts entgegenzusetzen hatten. Die seit jeher mit großer Präzision und Solidität gefertigten Güldner-Schlepper hatten allerdings auch ihren Preis, was sich durch die in Großserie und damit preiswerter herzustellenden Fahrzeuge ausländischer Anbieter und eine spürbare Marktsättigung in Form rückläufiger Zulassungszahlen negativ bemerkbar machte. 1969 blieb als einzige Alternative nur noch die Einstellung des Schlepperbaus übrig.

Gutbrod

OBEN

Die 1926 gegründeten und seit 1946 in Bübingen bei Saarbrücken ansässigen Gutbrod-Werke beschäftigten sich neben Einachsmähern, Motorrädern, Personenwagen, Kleinlastern und Einbaumotoren für kurze Zeit auch mit Ackerschleppern. Ab 1949 bot das Unternehmen einen der damals zeittypischen sogenannten Konfektionsschlepper an, das waren Fahrzeuge, bei denen der Schlepperhersteller alle mehr oder weniger wichtigen Bauteile wie Motoren, Getriebe, Lenkung, Vorderachsen, aber auch Blechteile und anderes mehr von spezialisierten Herstellern einkaufte und durch Montage zu einem eigenen Produkt zusammenführte. Der Kleinschlepper von Gutbrod besaß ein von den Motoren-Werken-Mannheim bezogenes, auch von vielen anderen Herstellern verwendetes wassergekühltes Einzylinder-Viertakt-Dieseltriebwerk des Typs KDW 415 E mit 14 PS und 1178 cm^3 Hubraum sowie ein Renk-Fünfganggetriebe. Eine weitgehende Baugleichheit bestand zu dem Modell S 15 der Firma Sulzer, in dessen Programm die nur kurzzeitig angebotenen und nur in kleinen Stückzahlen gefertigten Gutbrod-Schlepper auch aufgingen. Dieses Bild zeigt ein Fahrzeug von 1950.

Hagedorn

OBEN

Die in Warendorf/Westfalen im Jahr 1902 gegründete Gebr. Hagedorn & Co., Landmaschinenfabrik GmbH, leitete 1932 mit einem auf einem Plattformrahmen montierten traktorähnlichen Motormäher die Herstellung von Schleppern ein. Angetrieben wurden diese mit unterschiedlichen Motorleistungen bis maximal 16 PS erhältlichen Fahrzeuge von Deutz MAH-Einzylinder-Verdampfermotoren. Diese einfach und robust konstruierten Modelle besaßen keine Motorabdeckung und verfügten über Dreiganggetriebe und Seillenkung. Dieses Fahrzeug ist aus dem Jahre 1934 und verfügt über einen Deutz-Verdampfer mit 9 PS Leistung.

RECHTS

Nach weiteren Schlepperkonstruktionen und der kriegsbedingten Unterbrechung, erschienen 1949 sowohl ein 15-, als auch ein 25-PS-Schlepper von Hagedorn auf dem Markt, wobei das leichtere Modell mit einem MWM-, der stärkere HS 25 hingegen mit einem Deutz-Triebwerk bestückt war. Bei dem kleinen HS-15-Blockbauschlepper war es das bekannte, nicht nur von Konfektionären der Branche verwendete, wassergekühlte KDW-415-E-Triebwerk mit 1178 cm³ Rauminhalt und 14 PS Leistung, das in diesem Fahrzeug verwendet wurde. Das Hurth-G-76-Schaltgetriebe besaß fünf Vorwärts- und einen Rückwärtsgang und reichte aus, um den 1370 kg schweren Ackerschlepper mit maximal 20 km/h fortzubewegen. Auf Kundenwunsch konnte auch der luftgekühlte Einzylindermotor des „15er Deutz" in den Schlepper eingebaut werden. Die offenbar nur in Handarbeit gefertigten Hagedorn-Traktoren waren sicherlich nicht einmal schlecht und durchaus den damaligen Konkurrenzfahrzeugen gewachsen, allein die durch die fehlende Vertriebsorganisation bedingten geringen Verbreitungsmöglichkeiten ließen ihnen keine Chance. Vom HS 15 sollen dem Vernehmen nach nur sieben Stück gebaut worden sein. Die Beendigung dieser Aktivitäten war für das kleine Unternehmen die logische Folge. Dieser hervorragend restaurierte HS 15 ist von 1951 und gehört einem Sammler in Köln.

HANOMAG

DIESE SEITE

Eine der bekanntesten Maschinen- und Fahrzeugfabriken Deutschlands war die 1835 in Hannover gegründete Firma Hanomag. Nach dem vornehmlichen Bau von Lokomotiven und Dampfmaschinen folgte mit gewaltigen Tragpflügen im Jahr 1912 auch der Einstieg in die Herstellung von Landmaschinen. Den ersten Radschlepper und damit vollwertigen Traktor konnten die Hanomag-Werke 1924 vorstellen. Es war das Modell R 26 A, das 1927 zum WD-Radschlepper R 28 A aufgewertet wurde. Bestimmenden Einfluss auf diese Konstruktion hatte der in rahmenloser Blockbauweise hergestellte berühmte Fordson-Traktor, der alle bis dato in Deutschland vorhandenen, mehr oder weniger monströsen Motor-

pflüge oder motorisierten Ackerbearbeitungsmaschinen in den Schatten stellte. Der mit einem Dreiganggetriebe bestückte, schwere, überaus solide Traktor war eine sehr gelungene Maschine und leistete anfangs 26, in der späteren R-28-A-Variante 28 PS, die er aus seinem wassergekühlten Reihen-Vierzylinder-Viertakt-Doppelvergasermotor mit 4252 cm^3 Hubraum zog. Hier ist ein in Originalpatina museal erhaltener stollenbereifter WD aus dem Jahre 1928 zu sehen.

DIESE SEITE
Die noch aus der Tragpflugära stammende Bezeichnung „WD“ wurde auch für den neuen Radschlepper verwendet, denn damit sollte im Falle eines Misserfolges der renommierte Name Hanomag vor einem möglichem Imageschaden bewahrt werden. Das war auch der Grund dafür, den Vertrieb des Radschleppers zunächst noch der Deutschen Kraftpflug-Gesellschaft in Berlin zu überlassen. Erst 1928, als keine Zweifel mehr am durchschlagenden Erfolg des „WD“ bestanden, erlosch diese Gesellschaft und der Traktor wurden fortan unter dem Namen Hanomag, der sich mittlerweile auch in der Landtechnik einen Namen gemacht hatte, vertrieben. Die wahlweise mit Petroleum, Benzin oder Benzol zu betreibenden Radschlepper gab es – wie links zu sehen – in einer eisenbereiften, 1950 kg schweren Ackerausführung für maximal 8 km/h Höchstgeschwindigkeit sowie in einer mit einer längeren Getriebeübersetzung ausgebildeten, bis zu 15 km/h schnellen Variante als Straßenzugmaschine mit Elastik(Vollgummi)-Bereifung und schweren Gussfelgen, die das Fahrzeuggewicht bis zu 3500 kg in die Höhe trieben. Unten wird ein derartiges Fahrzeug gezeigt, das wie das obere Modell im Jahr 1928 gefertigt wurde.

DIESE SEITE

Auch auf dem Sektor der Kettenschlepper konnten die Hanomag-Werke wie kaum ein anderes deutsches Unternehmen auf eine langjährige Tradition zurückblicken. Über 50.000 derartige Fahrzeuge verließen während der Fertigungsdauer insgesamt die Werkshallen in Hannover. Im Jahr 1920 machte man sich bereits mit 20 bis 50 PS starken Raupen einen Namen. 1933 erschien als Weiterentwicklung einer 35/40-PS-Raupe das motorisch auf dem berühmten D-52-Vierzylinder-Dieseltriebwerk basierende Modell K 50, das sich bis 1944 in der Produktion befand. Herzstück dieses mit einem verbesserten Laufwerk gebauten Kettenschleppers war das genannte, konstruktiv aus der Hand des damaligen Leiters der Hanomag-Motorenentwicklung Dipl. Ing. Lazar Schargorodsky stammende, leistungsmäßig auf 50 PS angehobene Vierzylindertriebwerk mit 5195 cm³ Hubraum, das auch in den schweren Radschleppern dieses Herstellers eingebaut wurde. Damals ahnte noch niemand, dass dieser überaus fortschrittliche Motor über einen Zeitraum von mehreren Jahrzehnten in Konzeption und Technologie zum Ausgangspunkt für viele Hanomag-Schlepperentwürfe werden sollte. Ähnlich wie die seinerzeitigen Radschlepper, war die Raupe in Blockbauart ausgeführt, wobei ein Dreiganggetriebe für die Kraftübertragung sorgte. Viele dieser bis zu 4,6 t schweren Kettenschlepper wurden damals noch in der Landwirtschaft eingesetzt. Dieses weit verbreitete Modell wurde ab 1941 auch in einer Generatorausführung gefertigt. Oben ist ein Fahrzeug von 1938; unten ein solches von 1940 zu sehen.

RECHTS OBEN

Während des wirtschaftlichen Aufschwungs in den 30er-Jahren, erschienen bei Hanomag rasch aufeinanderfolgend neue, ständig verbesserte Schleppertypen, die fast sämtlich auf dem bewährten und unverwüstlichen D-52-Dieselmotor basierten. 1940 konnte das Werk mit dem schweren 40-PS-Radschlepper R 40 einen ganz großen Erfolg verbuchen. Dessen wesentliche Konstruktionsmerkmale blieben auch in den nachfolgenden, leistungsgesteigerten Modellen tonangebend. Zwischen 1951 und 1958 gab es mit dem R 45 ein derartiges Fahrzeug, das mit dem auf 5702 cm³ Hubvolumen aufgebohrten, nun als D-57-Triebwerk

bezeichneten Vierzylinder-Viertakt-Dieselmotor bestückt war. Infolge des größeren Hubraums konnten aus diesem nun 45 PS bei 1200 U/min Nenndrehzahl erzeugt werden. Darüber hinaus erhielt der R 45 eine neue Motorverkleidung und war in einer Schnellgangvariante mit bis zu 25 km/h Höchstgeschwindigkeit zu bekommen – in diesem Fall gehörte zur Ausrüstung fast immer eine Druckluftbremsanlage wie bei der hier abgebildeten 1950 gebauten Straßenzugmaschine.

RECHTS
Beim Hanomag R 460 – hier ein Fahrzeug von 1963 – handelte es sich um eine leistungsstärkere Abwandlung des R 450 E, die in ihren Grundzügen ebenfalls auf den berühmten R 40 und seinen rund 30 Jahre zuvor entworfenen Vierzylindermotor zurückging. Das in den R 460 eingebaute D-57-Triebwerk mit nunmehr 60 PS sowie ein verbessertes, in zwei Schaltgruppen unterteiltes Getriebe eigener Konstruktion mit Klauenschaltung für die oberen beiden Gangstufen waren die wesentlichsten Unterscheidungsmerkmale zu seinem Vorgänger. Nach wie vor gab es eine 30 km/h schnelle Straßenausführung mit festem Fahrerhaus, Druckluftbremsanlage und Gussfelgen für die Hinterräder.

OBEN

Mit der im Jahr 1955 erstmals lieferbaren Modellvariante R 55 entsprach Hanomag dem vielfach geäußerten Kundenwunsch nach stärkerer Motorisierung des schweren Radschleppers. Darüber hinaus unterschied er sich vom zehn PS schwächeren R 45 eigentlich nur durch seine größeren Reifen. In diesem ursprünglich für den Export vorgesehenen Modell war die bewährte D-57-Maschine mit einem in zwei Schaltgruppen unterteilten Hanomag-Getriebe mit insgesamt zwölf Gangstufen fest verblockt.

RECHTS

Aus dem R 460 wurde 1964 das Modell Robust 800 entwickelt, das – obwohl mit einem neuen Motor bestückt – in seinen Grundzügen noch immer auf den 25 Jahre zuvor erstmals in Erscheinung getretenen R 40 zurückging. Auch war der darin verwendete wassergekühlte D-941-R-Vierzylinder-Viertakt-Dieselmotor keine grundsätzliche Neuentwicklung, denn er hatte, neben einer höheren Leistung von 75 PS, dem alten D-57-Triebwerk lediglich den größeren Hubraum von 6786 cm³ und nun fünf anstelle von drei Kurbelwellenlagern voraus. Weitere Verbesserungen erfolgten sowohl bei der Hydraulik als auch bei der Lenkung des Schleppers, die nun eine hydraulische Unterstützung besaß. Das sich aus zwei Schaltgruppen zusammensetzende Zehnganggetriebe mit zwei Rückwärtsgängen wurde, ebenso wie die Vorderachse, vom R 460 unverändert übernommen. Der gewaltige Robust 800 – hier ein nach Belgien gelieferter Exportschlepper in seiner charakteristischen roten Lackierung mit dunkelgelben Felgen aus dem Jahre 1964 – verkörpert gewissermaßen den letzten klassischen schweren Radschlepper von Hanomag und konnte sich, obwohl damals bereits an der Schwelle des Veraltens stehend, erstaunlicherweise bis 1969 am Markt halten.

OBEN

Zur 1951 in Hamburg stattfindenden DLG-Ausstellung warteten die Hanomag-Werke mit wesentlichen Ergänzungen ihres bisherigen Schlepperprogramms auf. Dazu gehörte auch das bis 1957 gefertigte, besonders auf Mittelbetriebe zugeschnittene, recht universell verwendbare Halbrahmen-Modell R 22, das mit dem Dreizylinder-Viertakt-Dieselmotor D 21 S mit Wasserkühlung und 2099 cm³ Hubvolumen bestückt war. Von diesem Triebwerk wurden bei einer Nenndrehzahl von 1500 U/min 22 PS Leistung erzeugt. Sowohl eine fünfgängige, als auch eine auf Wunsch gegen Aufpreis erhältliche zehngängige Getriebevariante mit einem Kriechgangvorgelege wurde in diesen Schlepper eingebaut. Damals noch nicht allgemein verbreitet war der im Rahmen des Zubehörprogramms erhältliche hydraulische, wahlweise nach dem Drei- oder Vierpunktverfahren arbeitende Kraftheber, der Anbringung und Einsatz von Anbaugeräten erleichterte. Ab 1953 wurde die Kühlermaske des R 22 an die zwischenzeitlich neugestaltete Ausführung der übrigen Modelle angepasst. Hier ein R 22 mit Mähbalken aus dem Jahre 1951.

RECHTS

Das bereits zur schwereren Leistungsklasse zählende Hanomag-Modell R 35 ging im Jahr 1953 aus dem bisherigen R 28 hervor. Dabei bezog dieser in Halbrahmenbauweise gefertigte Schlepper seine Kraft aus dem bei gleichem Hubraum auf 35 PS gesteigerten Vierzylinder-Dieseltriebwerk D 28 seines Vorgängers, das nun als D 28 R 35 bezeichnet wurde. In diesem Schlepper stand ein fünf- bzw. zehngängiges, in zwei Gruppen unterteiltes Schaltgetriebe mit zusätzlichen Kriechgangübersetzungen für Geschwindigkeiten bis zu 19,8 km/h zur Verfügung. Für den Traktor mit seinen 1860 kg Eigengewicht gab es ein umfangreiches Zubehörangebot, zu dem auch Windschutzscheibe und Fahrerdach gehörte. Hier ein toprestauriertes Fahrzeug mit seitlichem Riemenscheibenantrieb aus dem Jahr 1957.

820 kg und besaß das vorgenannte, nach dem Zweitaktverfahren arbeitende gebläsegespülte Triebwerk mit Wasserkühlung, das aus seinem knappen Hubvolumen von 511 cm^3 erstaunliche 12 PS bei 2200 U/min herausholte. Da die Bauern aber weiterhin lieber mit ihren bisherigen Anhängegeräten arbeiteten und auch zur Anschaffung der entsprechenden neuen „Combitrac-Geräte“ meist nicht bereit waren, konnte sich das Konzept nicht durchsetzen. Andererseits taten die nicht ausgereiften Zweitaktmotoren dem guten Ruf des Herstellers erheblichen Abbruch. Hier ist ein C 112 von 1959 zu sehen.

UNTEN

Das ab 1957 unter der Modellbezeichnung R 217 angebotene Nachfolgemodell des leichten R 16 war hingegen mit einem nach konventionellen Gesichtspunkten konstruierten Viertakt-Dieseltriebwerk ausgebildet, wobei es sich bei diesem Aggregat um eine Zweizylinderausführung des bereits seit Beginn der fünfziger Jahre erstmals in leichten Hanomag-Lastwagen und kurze Zeit später auch in Schleppern verwendeten D-28-Motors handelte. Dieses neue Modell hatte gegenüber seinem Vorgänger

OBEN

Zu Beginn der 50er-Jahre ging die Entwicklung zum pferdelosen Betrieb und zur Vollmotorisierung in der deutschen Landwirtschaft energisch voran. Vor allem den wenig finanzkräftigen Kleinbetrieben sollte der entsprechende Einstieg erleichtert werden. Im Jahr 1953 stellte Hanomag für diese Zielgruppe den kleinen, in der aktuellen Wespentaillenbauweise entworfenen Tragschlepper R 12 mit universellen Einsatzmöglichkeiten bereit, als dessen besonderer Vorteil der zwischen den Achsen anzubringende Geräteanbau angesehen wurde. Ausgerüstet wurde dieses Fahrzeug mit einem neukonstruierten Einzylinder-Zweitakt-Dieselmotor, der aber zum Unglück des Unternehmens seine Kinderkrankheiten noch nicht vollständig überwunden hatte. Unter der Bezeichnung „Ackermoped“ sollte der im Rahmen des von Hanomag auch für die anderen Typen dieser Baureihe propagierten „Combitrac-Systems“ als vielseitiges Grundgerät vorgesehene Kleinschlepper leider traurige Berühmtheit erlangen. 1954 erfolgte eine optische Überarbeitung dieses Leichtschleppers, aus der 1957 das Modell C 112 mit ab 1958 erneut geänderter, nunmehr einteiliger Motorverkleidung hervorging. Der bis 1960 angebotene C 112 wog

eine neu gestaltete, verrundete Motorverkleidung sowie bei unverändertem Hubraum von 1390 cm^3 mittels Drehzahlsteigerung ein zusätzliches PS als Mehrleistung erhalten. Ein Fünfganggetriebe mit auf Wunsch lieferbaren drei zusätzlichen Kriechgängen wurde an den Motor dieses Schleppers – hier ein Fahrzeug von 1958 – angeblockt.

RECHTS OBEN
Im Jahr 1963 stellten die Hanomag-Werke mit dem Modell „Perfekt 400" einen neuen Tragschlepper mit einem aus der Borgward-Konkursmasse übernommenen und zur Serienreife gebrachten Vierzylinder-Wirbelkammer-Dieselmotor vor. Das neue wassergekühlte 1797-cm^3-Aggregat lief unter der Bezeichnung D 301 R 1 und erzeugte seine Maximalleistung von 32 PS bei 2400 U/min Nenndrehzahl. Das Fahrzeug hatte aus optischen Gründen eine vor dem Zwischenachsanbau abzunehmende Blechverkleidung für das Kupplungsgehäuse erhalten. In dem 1650 kg schweren „Perfekt 400" arbeitete ein sechsgängiges, in zwei Geschwindigkeitsstufen bis 26 km/h erhältliches und in zwei Gruppen aufgeteiltes Hanomag-Getriebe. Der abgebildete Schlepper entstand im ersten Jahr seiner Bauzeit.

RECHTS UNTEN
Ab 1962 erfolgte bei Hanomag die Umstellung der bisher mit Vorkammer-Dieselmotoren ausgerüsteten schweren Modelle „Granit" und „Brillant" auf nach dem Wirbelkammerverfahren arbeitende Triebwerke. Dadurch konnten die Motorleistungen bei deutlich reduziertem Kraftstoffverbrauch angehoben werden. Bei dem bis 1967 produzierten Modell „Brillant 600" waren das acht zusätzliche Pferdestärken, die das vierzylindrige D-28-CR-Triebwerk mit nunmehr 50 PS bei unverändertem Hubraum von 2799 cm^3 hervorbrachte. In diesen Halbrahmenschlepper war ein in zwei unterschiedlichen Ausführungen erhältliches Zehnganggetriebe eingebaut. Der „Brillant 600" war ein überaus solider und kraftvoller, sehr vielseitig verwendbarer Allzweckschlepper, der bei seinem Erscheinen gleich mehrere Typen im Verkaufsprogramm ersetzen konnte. Selbst viele Jahre nach Einstellung des Hanomag-Traktorenbaus wollten viele Landwirte auf dieses unermüdliche Arbeitspferd nicht verzichten, was ohne viele Worte für den Erfolg dieses Schleppers spricht. Hier abgebildet ist ein vorzüglich restauriertes Exemplar mit Allwetterdach von 1963.

DIESE SEITE

Ab Oktober 1964 erhielten die Modelle „Perfekt 301“ und „401“, deren Verkaufsbezeichnungen weiterhin „Perfekt 300“ bzw. „400“ lauteten, neu gestaltete Motorhauben in kantig-markanter Formgebung. Darüber hinaus hatte der „Perfekt 301“ ebenfalls den neuen hubraumstärkeren, von Borgward stammenden Vierzylinder-Viertakt-Dieselmotor D 301 R 2 mit 25 PS (ab 1967 betrug dessen Leistung 27 PS), sowie einen auch im weiterhin 32 PS starken „Perfekt 401“ verwendeten neugestalteten Fahrerplatz in aktueller Reitsitzposition erhalten. Damit waren beide Traktoren äußerlich baugleich und sie unterscheiden sich – bei gleichen Motoren – nur durch ihre Motorleistungen. Auch die sechsgängigen, in zwei Übersetzungen erhältlichen Getriebe waren völlig identisch. Bis 1968 konnten sich beide Modelle erfolgreich im Hanomag-Programm behaupten. Links ist ein 1964 gefertigter „Perfekt 301“, unten ein „Perfekt 401“ von 1965 in Hochradausführung – beide Traktoren haben ein Allwetterverdeck – zu sehen.

RECHTE SEITE

Mit den völlig neu entwickelten, damals sehr fortschrittlich konzipierten Modellen „Brillant 601“, „701“ und „Robust 901“ traten die Hanomag-Werke im Jahr 1967 in ihr letztes Stadium der Schlepperfertigung. Mit diesen Konstruktionen versuchte das Unternehmen, das in technischer Hinsicht gegenüber den Mitbewerbern teilweise verlorene Terrain mindestens wieder wettzumachen, was über eine relativ kurze Periode auch in den meisten Punkten gelang.

Die neuen, grünblau lackierten, sehr markant und kraftvoll wirkenden Schleppermodelle erregten in Fachkreisen zwar durchaus Aufsehen und wurden viel beachtet, allein die Käufer reagierten zurückhaltend. Dabei verfügten diese Schlepper, die einen Vergleich mit der Konkurrenz in jedem Fall standhalten konnten, in Verbindung mit einem neu entwickelten, zunächst auf Wunsch, später aber serienmäßig synchronisiert erhältlichen Getriebe, über völlig neue, leistungsstarke und hochentwickelte vier- und sechszylindrige Wirbelkammer-Dieselmotoren sowie weitere innovative Verbesserungen, wozu die Lenkradschaltung, neue Armaturen und Bedienungselemente und ein nach ergonomischen Gesichtspunkten gestalteter Fahrerplatz gehörten. Damit gab es erstmals bei Hanomag mit Sechszylindermotoren ausgerüstete Radschlepper. „Brillant" und „Robust" – Letzterer erzeugte 92 PS aus 4712 cm^3 Hubraum – waren auch in Allradversionen erhältlich. Oben ist ein 1968 gebauter „Brillant 601" mit Hinterradantrieb mit seinem 58 PS starken 3142-cm^3-Vierzylinder-Viertakt-Dieseltriebwerk zu sehen. Das Bild unten zeigt den gleichen Typ als Allradschlepper mit Frontlader und Schutzrahmen aus dem Jahr 1969. Zu diesem Zeitpunkt war die Motorleistung bereits auf 62 PS gesteigert worden. Der letztendliche Misserfolg dieser schon sehr beeindruckenden Boliden ließ als unternehmerische Entscheidung nur noch den Rückzug aus dem Traktorenbau zu, der 1971 vollzogen wurde.

Hatz

OBEN
Die Motorenfabrik Hatz GmbH & Co. KG aus Ruhstorf bei Passau begann erst im Jahre 1953, mit dem Bau von Traktoren an dem in der Umstrukturierungshase zur Motorkraft befindlichen landwirtschaftlichen Markt teilzuhaben. Noch im gleichen Jahr wurde ein Schlepperprogramm in der Leistungsbreite zwischen 13 und 32 PS vorgestellt, das komplett mit aus eigener Fertigung stammenden wassergekühlten Motoren bestückt werden konnte. 1955 wurde das kleinste Modell dieser Reihe, T 13, durch den neuen Typ T 12 ersetzt der bis 1961 in der Fertigung blieb. Der kleine T 12 verfügte über das 12 PS starke einzylindrige 668-cm^3-Wirbelkammer-Dieseltriebwerk des Typs E 98 FG mit Luftkühlung aus eigenem Hause und einem Schaltgetriebe von Hurth mit vier Vorwärts- und einem Rückwärtsgang. Mit 7-24er-Hinterradbereifung erreichte dieser Kleinschlepper maximal 18,1 km/h Geschwindigkeit. Mit diesem und dem noch kleineren T 10 befanden sich zwei speziell auf Kleinbetriebe zugeschnittene Traktoren im Verkaufsprogramm dieses Herstellers – ein Marktsegment, das 1954 mehr als ein Viertel aller in der BRD zugelassenen Schlepper umfasste. Hier ein Fahrzeug mit Umsturzbügel von 1957.

UNTEN

Mit dem Modell TL 22 stellten die Hatz-Motorenwerke im Winter 1954 einen mittelschweren, in der üblichen Blockbauweise entworfenen Standard-Schlepper vor, mit dem eine im Verkaufsprogramm bestehende Lücke geschlossen werden sollte. Zum Einbau gelangte ein luftgekühltes Zweizylinder-Viertakt-Dieselaggregat mit Direkteinspritzung und 1992 cm³ Hubraum eigener Fertigung, aus dem eine Leistung von 22 PS bei 1800 U/min hervorgeholt wurde. Ebenso wie bei Eicher, waren die luftgekühlten Hatz-Motoren durch separate, jeden Zylinder einzeln kühlende Radialgebläse geprägt. In diesen zu seiner Zeit technisch durchaus konkurrenzfähigen Schlepper mit 1330 kg Eigengewicht war ein G-85-Getriebe des Fabrikats Hurth mit fünf Vorwärts- und einem Rückwärtsgang installiert. Die umfangreiche Grundausstattung, zu der – obwohl serienmäßig mit elektrischem Anlasser ausgerüstet – auch eine Handkurbel für alle Fälle gehörte, wurde durch auf Wunsch erhältliche Zusatzgeräte wie Mähwerk, Riemenscheibe und hydraulischer Dreipunkt-Kraftheber sinnvoll ergänzt. Bis 1959 konnten nur ganze 235 Traktoren an den Mann gebracht werden; hier ein 1957 gefertigtes Fahrzeug.

OBEN

Dieses Bild zeigt ein 1958 gebautes Exemplar des nur in 44 Einheiten zwischen 1956 und 1959 gefertigten Hatz-Schleppers TL 12 P. In diesen Traktor wurde das bereits in dem TL 12 verwendete 12-PS-Antriebsaggregat mit Luftkühlung eingebaut. Bis auf das nunmehr von der Zahnradfabrik Passau bezogene Vierganggetriebe, das in seiner größten Gangstufe eine Höchstgeschwindigkeit von 20 km/h ermöglichte, waren die baulichen Merkmale mit dem weiterhin parallel gefertigten TL 12 weitgehend identisch.

OBEN

Der 1959 vorgestellte Hatz-Schlepper TL 24 – abgebildet ist ein im gleichen Jahr gefertigtes Fahrzeug – gehörte zu einem neuen, insgesamt sechs verschiedene Modelle umfassenden Verkaufsprogramm. Der TL 24 hatte, ähnlich wie die beiden gleichzeitig vorgestellten Typen, eine neue, elegant-schnittige, im Stil der Porsche-Traktoren weit nach vorn gezogene Motorhaube mit einem ovalen Kühlgitter erhalten. Auch alle übrigen Schlepper wurden im Laufe des Jahres 1959 auf die neue Verkleidung umgestellt. Der T 24 verfügte über ein zweizylindriges, direkt einspritzendes Viertakt-Dieseltriebwerk von Hatz mit Luftkühlung, aus dessen Hubraum von 1992 cm³ 24 PS bei 1800 U/min Nenndrehzahl erzeugt wurden. In diesem Schlepper wurde ein Fünfganggetriebe von Hurth verwendet. Mit lediglich 104 gebauten Einheiten blieb die Stückzahl aber eher bescheiden.

RECHTS OBEN

Das zwischen 1957 und 1960 gefertigte Modell TL 33 bildete damals den leistungsmäßig vorläufigen Abschluss des Hatz-Schlepperprogramms. Damit wurde erstmals von diesem Hersteller ein schwerer, für Mittel- und Großbetriebe geeigneter Traktor angeboten, der mit dem luftgekühlten Dreizylinder-Direkteinspritz-Dieselmotor des Typs D 100 von Hatz mit 2709 cm³ Hubvolumen ausgerüstet war. Ein ZP-Getriebe mit fünf Vorwärts- und einem Rückwärtsgang war in diesem robusten, bis zu 20 km/h schnellen Schlepper eingebaut. Neben umfangreichem Zubehör gab es für diesen modern konzipierten Traktor einen hydraulischen Kraftheber mit 1000 kg Hubleistung. Obwohl der TL 33 seinen damaligen Konkurrenten durchaus ebenbürtig war, wurde er nur selten im Inland verkauft. Der weitaus größte Teil der Produktion ging, wie dieser 1959 gebaute Schlepper, an ausländische Besteller.

UNTEN

Geradezu zeitlos schön präsentierten sich die Hatz-Schlepper mit ihren schnittigen Hauben in Verbindung mit ihrer ab 1959 moosgrün/hellgrünmetallic ausgeführten Zweifarben-Hammerschlag-Lackierung und den roten Felgen, was damals vielleicht so manchen Bauern zum Erwerb eines solchen Traktors veranlasst haben mag. Dazu gehörte auch das Modell TL 17, das 1959 an die Stelle des schwächeren TL 15 gerückt war. In ihn war ein luftgekühlter, mit Direkteinspritzung arbeitender Zweizylinder-Viertakt-Dieselmotor der Hatz-Motorenwerke mit 1336 cm³ Hubraum eingebaut, der seine Maximalleistung von 17 PS bei einer Nenndrehzahl von 1800 U/min zur Verfügung stellte. Darüber hinaus verfügte dieses Schleppermodell mit 1210 kg Eigengewicht über das Hurth-G-819-Getriebe mit sechs Vorwärts- und einer Rückwärtsgangstufe. Insgesamt wurden 412 Fahrzeuge dieses Modells gebaut, dieses originalgetreu restaurierte Exemplar mit Mähwerk und Umsturzbügel stammt aus dem Jahr 1960. Infolge des starken Konkurrenzdrucks und der Absatzflaute auf dem deutschen Schleppermarkt führte auch ein seit 1962 in Angriff genommenes neues Programm nicht zum erhofften Erfolg. Hatz stellte daher zum Jahresende 1964 die Traktorenfertigung ein.

HOLDER

OBEN

Die im Jahre 1888 gegründete Maschinenfabrik Gebr. Holder GmbH konnte bereits auf große Erfahrungen im Spezialbereich der Pflanzenschutztechnik, aber auch auf den Bau von Diesel-Einachsschleppern unterschiedlicher Leistung sowie anderer Motorgeräte zurückblicken, als sich das Unternehmen mit dem 1952 vorgestellten Modell B 10 auch der Fertigung von kleinen Schmalspur-Vierradtraktoren zuwandte. Wendigkeit, geringer Bodendruck, tiefer Schwerpunkt bei großer Bodenfreiheit und geringe Anschaffungskosten waren einige der Pluspunkte, mit denen diese wohldurchdachte Blockkonstruktion aufwarten konnte. Darüber hinaus verfügte der mit einem 9,75 PS entwickelnden, wassergekühlten, ventillosen 500-cm^3-Fichtel & Sachs-Einzylinder-Zweitakt-Dieselmotor bestückte kleine Traktor über ein Vierganggetriebe, Vierradbremsen, Differenzialsperre, eine massive Stahlvorderachse, einen elektrischen Anlasser und zwei abschaltbare Zapfwellen vorn und hinten. Mit dem 610 kg leichten B 10 schaffte Holder bereits 1953, im ersten Jahr nach Aufnahme der Serienproduktion, auf Anhieb einen ehrenvollen 16. Platz in der Zulassungsstatistik der Bundesrepublik. Vor allem bei Obst- und Weinbauern fand dieses Modell – teilweise auch im Ausland – zahlreichen Zuspruch. Hier ein sehr frühes, bereits 1952 gebautes Fahrzeug.

LINKS UNTEN

Das ab 1955 mit abgerundeter Motorhaube lieferbare Modell B 10 war als vielseitiger und leistungsfähiger Kleinschlepper mit seiner verhältnismäßig hohen Zugleistung – sie betrug 4,5 t auf ebener, befestigter Straße – sowohl als Einzeltraktor in kleinbäuerlichen Betrieben, als auch als Zweitschlepper in Mittel- und Großbetrieben für Pflege- und andere leichte Arbeiten bestens geeignet. Die Übersetzung seines Vierganggetriebes erlaubte bei Ausnutzung der höchstmöglichen Motordrehzahl von 2200 U/min 17 km/h als größte Geschwindigkeit. Für den B 10 als kleinen Universalschlepper stand eine umfangreiche Zahl von Anbaugeräten, z.B. ein Frontmähwerk mit Messerbalken mit 1,45 m Breite zur Verfügung. Dieser vorbildlich restaurierte B 10 mit angebautem Seiten-Mähwerk stammt von 1956.

MITTE

Der Holder E 12 war ein wendiger und kraftvoller blockkonstruierter Einachsschlepper, der mit dem auch im B 12 verwendeten, luftgekühlten zwölf-PS-Fichtel & Sachs-Diesel ausgerüstet war. Dieses 390 kg schwere, mit einem Getriebe eigener Fertigung mit fünf Vorwärts- und einem Rückwärtsgang ausgerüstete Fahrzeug war eine sehr brauchbare Konstruktion mit überaus vielfältigen Einsatz- und Verwendungsmöglichkeiten, sei es für die Pflugarbeit, mit den unterschiedlichsten Zapfwellengeräten, seiner Fronthydraulik oder mit dem Deichselrahmen, mit dessen Schnellkupplung Anhänger und Geräte sicher verbunden werden konnten, um hier nur einige Beispiele zu nennen. Dieses Fahrzeug ist von 1968.

UNTEN

1957 erschien mit dem Holder-Modell B 12 eine leistungsfähigere, verbesserte Ausführung des kleinen Vierradschleppers. Dieses auch äußerlich optimierte Nachfolgemodell wurde nun von einem luftgekühlten Einzylinder-Fichtel & Sachs-Zweitakt-Dieselmotor des Baumusters D 600 mit Direkteinspritzung, 600 cm³ Hubraum und 12 PS Leistung angetrieben. Darüber hinaus besaß der Kleinschlepper ein Sechsgang-Zahnradschubgetriebe und wahlweise eine Zweizylinder-Hydraulik mit Wechselschaltung oder einen Kraftheber mit mechanischer Handaushebung. Das erhältliche Zubehör und die Anbaugeräte entsprachen weitgehend denen seines Vorgängers. Hier ein B 12 aus dem Jahre 1957.

Hummel

OBEN
Die im oberbadischen Heitersheim ansässige Landmaschinenfabrik A. Hummel Söhne bestand schon seit 1907 und sammelte mit dem Bau von einachsigen Kleinschleppern Erfahrungen, die dem kleinen Unternehmen bei der Konstruktion eigener Vierradtraktoren zu Gute kamen. Unter der Typenbezeichnung DT 54 wurde ein Schmalspur-Kleinschlepper angeboten, dessen zunächst neun, später zehn PS leistender wassergekühlter Einzylinder-Zweitakt-Dieselmotor des Fabrikats Fichtel & Sachs mit anfangs 356, später 499 cm^3 Rauminhalt, welcher auch im Holder B 10 Verwendung fand, mit einem Schaltgetriebe eigener Fertigung mit sechs Vorwärts- und zwei Rückwärtsgängen verblockt war. Die Geschwindigkeitsabstufungen lagen zwischen 2,3 und 15,5 km/h. Zwei vorn bzw. hinten angebrachte gangunabhängige Zapfwellen ermöglichten den Anbau der insbesondere im Obst- und Weinanbau üblichen Arbeitsgeräte. Gleichwohl zielte Hummel speziell auf Abnehmer im Umfeld der Intensivkulturbetriebe, was absatzmäßig aber nur in geringem Umfang realisiert werden konnte. Abgebildet ist ein DT 54 in 9-PS-Ausführung von 1954.

RECHTS

Obwohl dieser Anbieter kaum über seinen regional eingeschränkten Angebotsrahmen hinauskam, ließ es die bescheidene Produktion immerhin zu, die Fahrzeuge im Laufe der Zeit technisch zu verbessern. Bis etwa 1957 blieb das 10-PS-Modell DT 54 – abgebildet ist eine restaurierte Maschine des Jahres 1956 – in Produktion. Der mit verstellbarer Spurweite ausgerüstete kleine Schlepper besaß ein Leergewicht von 900 kg und war serienmäßig mit 6-24er Hinterrädern ausgerüstet. Das Fahrzeug verfügte über eine Vierpunkt-Geräteaufhängung. Das Mähwerk war vorn oder seitlich anzubauen; für alle übrigen Geräte war der Heckanbau vorgesehen.

UNTEN

Die kleine Schlepperfirma Hummel, deren Fertigungsmethode noch hauptsächlich aus Handarbeit bestand, konnte 1958 immerhin eine Palette von fünf unterschiedlichen Einachs- und drei Zweiachstraktoren, wozu auch ein kleiner Allradschlepper zählte, anbieten. Bei den zu Beginn der 60er-Jahre offerierten Traktoren gelangten auch luftgekühlte Triebwerke von MWM zur Verwendung. Dazu zählte beispielsweise auch das Modell T 20, ein kleiner, sehr gefällig wirkender Vierradtraktor – hier ein 1962 gefertigtes Exemplar – mit luftgekühltem Zweizylinder-Viertakt-Dieselmotor mit 1005 cm^3 Hubraum der Motoren-Werke-Mannheim, dessen Höchstleistung von 20 PS bei 3000 U/min abgegeben wurde. Der Motor war mit einem aus zwölf Vorwärts- und vier Rückwärtsgangstufen (zwischen 0,8 und 20 km/h) bestehenden Getriebe eigener Fertigung verblockt. Trotz eines mittlerweile recht beachtlichen, auch aus kleinen Allradschleppern bestehenden Typenangebots in sehr solider Bauweise mit vielseitigen Anbau- und Verwendungsmöglichkeiten, gelang es im Laufe der Zeit nicht, die Absatzlage wesentlich zu verbessern. Die großen Mitbewerber ließen kleinen Firmen wie dieser keine Überlebenschancen. Deshalb musste Hummel noch 1966 den Traktorenbau gänzlich aufgeben.

IHC

OBEN
Im Dezember des Jahres 1908 wurde in Neuss am Rhein eine deutsche Niederlassung der aus dem Zusammenschluss einiger bedeutender US-amerikanischer Landmaschinenhersteller hervorgegangenen McCormick Harvesting Machinery Company eingerichtet. Noch im gleichen Jahr wurde in den Vereinigten Staaten der erste IH-Schlepper vorgestellt und die nachfolgenden Traktoren „Mogul" und „Titan" waren damals sehr bedeutende und weit verbreitete Konstruktionen, die wesentlich an der Motorisierung der amerikanischen Landwirtschaft teilhatten. Die deutsche Tochtergesellschaft, die zunächst mit der Fertigung von Landmaschinen betraut war, begann 1936 mit dem Modell F 12 auch in die Traktorenfertigung für Deutschland und Europa einzusteigen. Nachdem die ersten Schlepper noch aus den USA importiert worden waren, begann 1937 die komplette und selbständige Fertigung der sowohl luft-, als auch eisenbereift und in einer Straßenausführung angebotenen F-12-G-Baureihe in Neuss anzulaufen. Beide Varianten dieses in Halbrahmenbauweise konstruierten Bauernschleppers waren mit 20 PS starken wassergekühlten Vierzylinder-Viertakt-Vergasermotoren mit 2043 cm³ Hubraum bestückt, und ein mit drei Vorwärts- und einem Rückwärtsgang ausgebildetes Getriebe wurde zum Einbau verwendet. Auf diesem Bild ist ein Modell McCormick-Deering amerikanischer Fertigung mit Stahlrädern abgebildet; die in Deutschland produzierte, ziemlich identische Ausführung unterschied sich – abgesehen von einigen wenigen heimischen Zulieferteilen – lediglich durch die damals übliche Aufschrift „Deutsches Erzeugnis".

DIESE SEITE

Das Modell F 12 G, ein einfacher, seinerzeit aber auch moderner Traktor, war wahlweise mit dem Schriftzug McCormick oder Deering erhältlich, denn beide Marken waren mit verschiedenen Vertriebsorganisationen in Neuss vertreten. Ab 1940 befand sich diese Aufschrift senkrecht auf dem vorn liegenden Lenkgehäusesegment dieses Traktors mit seiner charakteristischen, horizontal oberhalb der Motorabdeckung angebrachten, mit einer Kegelradübertragung versehenen Steuersäule. Zu jener Zeit waren die Schlepper aus Neuss auch mit einem Vierganggetriebe für Geschwindigkeiten bis zu 6,2 in der eisenbereiften Ackerausführung und bis zu 14,8 km/h als Ackerluftschlepper bestückt. Gestartet wurde der für deutsche Verhältnisse ungewöhnliche Vergasermotor – später war die Umrüstung auf Dieselbetrieb möglich – mit Benzin und wurde nach Erreichen der notwendigen Betriebstemperatur auf Petroleum oder andere schwere Kraftstoffe umgestellt. Riemenscheibe und Zapfwelle gehörten beim F 12 G zum serienmäßigen Lieferumfang. Für Hack- und Reihenkulturarbeiten war seine Spurweite verstellbar. Hier ein luftbereifter F 12 G Deering aus dem Jahre 1940.

OBEN

Erst 1947 konnte der Bau von Traktoren im weitgehend kriegszerstörten Neusser Werk wieder aufgenommen werden. 1950 wurde das Modell FG optisch überarbeitet und mit Kühlergrill und Motorhaube versehen. Darüber hinaus konnte der Traktor nun mit Hilfe eines elektrischen Anlassers gestartet werden. Unverändert blieb jedoch das für den deutschen und europäischen Markt ungeeignete wassergekühlte 20-PS-Vergasertriebwerk sowie das recht eigenwillige Lenkgetriebe dieses Traktors. In diesem 1830 kg schweren Halbrahmenschlepper, der erstmals in roter Lackierung, der Standardfarbe des IH-Konzerns, ausgeführt war, wirkte ein Vierganggetriebe eigener Fertigung. Der auf dem Kraftstofftank angebrachte Schriftzug lautete nun McCormick-Deering. Infolge reduzierter Nachfrage war die deutsche Vertretung eifrig bestrebt, einen Schlepper mit Dieselantrieb anbieten zu können. Dieser FG entstand im Jahre 1950.

DIESE SEITE

Im Jahr 1951 wurde mit dem 25-PS-Schlepper DF 25 der Übergang zum Dieselmotor vollzogen. Zwei Jahre später konnte man drei neue blockkonstruierte Traktoren mit nach dem Baukastenprinzip konzipierten Motoren von 14 bis 30 PS vorstellen, die auf unterschiedliche Betriebsgrößen zugeschnitten waren. Das Modell DLD 2 – „Deutscher Leicht-Diesel" – war ein leichter Zweizylinder-Dieselschlepper mit 14 PS, während die nächste Baugröße, der DED 3, „Deutscher Einheits-Diesel", in seinem wassergekühlten 1631-cm³-Diesel-Viertakttriebwerk bereits über drei Zylinder und 20 PS Motorleistung verfügte. In diesem mit 1230 kg mittelschweren Modell stand ein Getriebe mit fünf Vorwärtsgängen zur Verfügung. Der „Deutsche Groß-Diesel" – DGD 4 schließlich war das stärkste Fahrzeug dieser seinerzeit sehr fortschrittlichen Schlepperbaureihe. In ihm wirkte ein Vierzylinder-Viertakt-Dieselaggregat mit 2175 cm³ Hubvolumen, das 30 PS bei 1750 U/min Nenndrehzahl erzeugen konnte. Auch hier wurde zunächst ein Fünfgang-, später ein Sechsganggetriebe von ZF eingebaut. Diese Fahrzeuge waren mit einer Hydraulikanlage und weiterem umfangreichem Zubehör ausrüstbar. Die sehr erfolgreiche Baureihe wurde bis 1956 gefertigt und einheitlich mit dem an der Front angebrachten Schriftzug „Farmall-Diesel" ausgestattet. Oben ist ein DED 3, unten ein DGD 4 – beide von 1956 – zu sehen.

DIESE SEITE

1956 war die Zeit gekommen, um eine weiter entwickelte, aus insgesamt fünf Typen mit Motorleistungen von 12 bis 30 PS bestehende neue Schleppergeneration vorzustellen. Gleichzeitig änderten sich die Typenbezeichnungen dahingehend, dass sich das „D“ auf Deutschland als Produktionsland bezog, die erste Ziffer die Zylinderzahl und die beiden letzten Ziffern die Motorleistung des jeweiligen Modells anzeigten. Die neuen Fahrzeuge hatten ein kompaktes Äußeres und traten durch ihre neu entworfenen kantig-markanten Motorverkleidungen mit neuem Kühlergesicht sehr positiv hervor, wobei die Scheinwerfer erstmals seitlich vorn am Frontgitter befestigt worden waren. Während der leichteste Typ dieser Reihe, der D 212, über 12 PS verfügte, gab es mit dem D 217 auch eine 17 PS starke Maschine. Beide Traktoren waren als Tragschlepper einsetzbar. Spitzenreiter in der Zulassungsstatistik waren die bis 1962 gebauten mittelschweren Typen D 320 mit 20 und D 324 mit 24 PS. Verfügten die beiden kleinen Modelle über Zweizylindermotoren, so waren die größeren Typen mit dreizylindrigen Viertakt-Dieselaggregaten ausgerüstet. Mit 30 PS das stärkste

Fahrzeug dieser Reihe war der D 430, in dem ein Vierzylinder-Dieselreihenmotor unter der roten Motorhaube arbeitete. Alle Modelle verfügten einheitlich über Sechsgang-Schaltgetriebe von ZF. Neben einer werksseitig gefertigten großen Zubehörpalette unterschiedlicher Anbaugeräte verfügten die Drei- und Vierzylindertypen ab 1957 über die „IH-Agriomatic“ mit acht Vorwärts- und zwei Rückwärtsgangstufen, eine bahnbrechende Neuentwicklung, die auf sehr einfache Weise große Erleichterungen bei der Bedienung von Schlepper und Geräten ermöglichte. Mit dem Handhebel dieser Einrichtung konnte beispielsweise die Geschwindigkeit des Schleppers bei unveränderter Zapfwellendrehzahl verringert werden oder, ohne zu Kuppeln, vom Straßen- in den Ackergang gewechselt werden. Die Abbildung oben zeigt einen D 320 von 1957; unten wird ein 1958 gefertigter D 324 gezeigt.

RECHTS

Bereits 1958, rechtzeitig zum 50-jährigen Bestehen des deutschen IH-Werkes, wurden die ersten ergänzenden Modelle in dieser erfolgreichen Schlepperreihe vorgestellt. Es waren die nach der gleichen Terminologie identifizierbaren Modelle D 214 und D 217. Im darauf folgenden Jahr kamen zusätzlich noch die stärkeren Typen D 436 und D 440 hinzu. Der D 214, der schon bald das auslaufende Modell D 212 ersetzen sollte, verfügte über den drehzahlerhöhten und leistungsgesteigerten Zweizylinder-Wirbelkammer-Viertakt-Dieselmotor seines Vorgängers und über ein Sechsganggetriebe mit Rückwärtsfahrstufe. Während Riemenscheibe und Zapfwelle zu den im Lieferumfang enthaltenen Bestandteilen gehörten, waren ein hydraulischer Kraftheber und die Dreipunktaufhängung gegen Mehrpreis zu beziehen. Bis 1962 verließen nicht weniger als 8046 Traktoren dieses Typs – das abgebildete Fahrzeug von 1959 ist eines davon – die Fertigungsstraßen in Neuss.

UNTEN

Der 36-PS-Vierzylinder-Dieselschlepper D 436 war nach dem Auslaufen des nur geringfügig stärkeren D 440 bis zum Jahr 1962 das Spitzenmodell im IH-Verkaufsprogramm. Dessen Viertakt-Reihenmotor besaß 2434 cm^3 Hubraum und konnte seine höchste Motorleistung bei 1900 U/min abgeben. Das mittlerweile serienmäßig installierte „IH-Agriomatic-Getriebe“ verfügte über acht Vorwärtsgangstufen in den Geschwindigkeiten von 0,9 bis 20 km/h sowie über zwei Rückwärtsgänge. Das Gewicht mit Kraftheber und Dreipunktaufhängung, welche eine äußerst genaue Einstellung der Arbeitsgeräte ermöglichte, betrug 1553 kg. Sie erlaubte eine Verlagerung eines Teils des Gerätegewichts und des Zugwiderstandes auf die Hinterachse des Schleppers. Der Kraftheber war weiterhin nur als Sonderzubehör zu bekommen, wozu auch ein Fernbedienungskabel für die „Agriomatic“ zählte, mit dem die Bedienung des Schleppers auch außerhalb des Fahrstandes ermöglicht wurde. In der 8. Gangstufe konnte dieser kraftvolle Schlepper auf trockener, ebener Straße immerhin noch 22 t Anhängelast bewegen. Auf diesem Bild ist ein 1961 gebauter Traktor dieses Typs mit Baas-Frontlader zu sehen.

DIESE SEITE

Im Jahr 1962 – in diesem Jahr hatte man sich bereits auf den zweiten Platz in der deutschen Zulassungsstatistik emporgearbeitet – stellte die IHC auf der Münchener DLG-Ausstellung die letzten Traktoren der so erfolgreichen D-Baureihe der Öffentlichkeit vor. Das Spitzenmodell dieser Reihe war nun der D 439 mit 39 PS – das war zu wenig, um die gerade in den 60er-Jahren sprunghaft gestiegene Nachfrage nach höheren Leistungen bei Ackerschleppern befriedigen zu können. Erst 1965 konnten mit neuen, stärkeren Modellen die Lücken im Angebot ausgefüllt werden. Die beiden leichtesten Typen D 215 und D 219 wurden in der Folgezeit auch nur noch in verhältnismäßig geringen Stückzahlen verkauft – ein weiteres Zeichen der allgemein zurückgehenden Nachfrage gerade nach kleineren Traktoren. In diesem Zusammenhang sei noch erwähnt, dass die Leistungsangabe der IH-Traktoren nunmehr in SAE-PS erfolgte. Das bedeutete, dass diese keineswegs stärker als ihre jeweiligen Vorgänger mit DIN-PS-Angaben waren. Während der D

215 nun 15 SAE-PS leistete, erzeugte der D 219 19 PS nach SAE aus seinem Zweizylinder-Dieselmotor. Hinsichtlich der Ausrüstung und des Zubehörs entsprachen die bis 1965/66 gefertigten Traktoren im Wesentlichen ihren vorausgegangenen Modellen, wobei die stärkeren Drei- und Vierzylindertypen allerdings eine neue Hydraulik erhalten hatten. Die obere Abbildung zeigt einen D 215 von 1963; der D 219 auf dem Foto links unten entstand ein Jahr später.

DIESE SEITE

Zu den stärkeren Varianten der späten D-Serie zählten die Modelle D 326 und D 432, die mit 15.472 bzw. 10.712 gefertigten Fahrzeugen innerhalb von drei Jahren bis zum Jahr 1965 produktionsseitig den Löwenanteil für sich verbuchen konnten. Beide Maschinen entsprachen den Vorstellungen robuster Universalschlepper und gehörten bereits der schwereren Fahrzeugklasse an. Sie besaßen eine ausgereifte Technik und waren serienmäßig mit der neuen „exact“-Regelhydraulik sowie mit dem „Agriomatic-System“ ausgestattet. Die Hydraulik mit maximal 1500 kg Hubkraft gewährleistete neben anderen Vorteilen beispielsweise beim Pflügen ein genaues Einhalten der Arbeitstiefe. Während der D 326 – im kleineren Bild ein Fahrzeug von 1962 – über einen 26 PS starken Dreizylinder-Viertakt-Dieselmotor mit 1825 cm³ Hubraum verfügte, war in dem nächstgrößeren Modell, dem D 432 mit 32 PS, ein Vierzylindermotor mit 2175 cm³ Hubraum des gleichen Bausystems installiert. Ein solcher Schlepper des Baujahrs 1963 wird unten gezeigt.

KRAMER

OBEN

Die Ursprünge des Traktorenbaus bei der Maschinenfabrik Gebr. Kramer GmbH in Gutmadingen gingen auf eine im Jahr 1925 erstmals gebaute, mit einem luftgekühlten 4-PS-DKW-Vergasermotor bestückte, selbst fahrende Mähmaschine zurück. Nach dem 1932 vorgestellten, mittels eines liegenden Einzylinder-Güldner-Verdampfungsmotors angetriebenen Kleintraktor K 12 mit dem wegen seiner sprichwörtlichen Vielseitigkeit durchaus treffenden Beinamen „Allesschaffer", folgte die Firma im Jahr 1937 mit dem nach dem gleichen Prinzip arbeitenden Modell K 18 den Kundenwünschen nach einer stärkeren Motorisierung ihrer Traktoren. Diese bewusst einfach und robust konstruierten Fahrzeuge waren für kleine bäuerliche Familienbetriebe wie geschaffen. Sie waren vielseitig verwendbar, Reparatur unanfällig, langlebig, preisgünstig in der Anschaffung und bildeten für viele Landwirte den Einstieg in die Motorisierung. Daher verwundert es nicht, dass bis 1939 bereits mehr als 10.000 Kramer-Schlepper verkauft werden konnten. Beide Maschinen besaßen einen dreieckigen Profilkastenrahmen, dessen Spitze in eine mit großem Spiel beweglich aufgehängte Vorderachse mündete, und waren mit drei oder viergängigen Prometheus-Schaltgetrieben bestückt. Zum Zwecke der Kostenersparnis verzichtete man bei diesen mit Riemenscheibe, Mähwerk und Zapfwelle zweckmäßig ausgerüsteten Schleppern auf eine Motorhaube, so dass die Modelle eher Arbeitsmaschinen als richtigen Traktoren glichen. Der stärkere K-18-Bauernschlepper wurde von 1939 bis 1942 und noch eine Zeitlang in den ersten Nachkriegsjahren gefertigt. Er besaß einen 1640-cm³-Einzylinder-Viertakt-Dieselmotor von Güldner mit 20 PS. Ihm konnten immerhin bis zu 12,5 t Anhängelast zugemutet werden. Hier ein 1939 gebautes Fahrzeug.

MITTE

Diese Abbildung zeigt ein sehr interessantes Gespann, das aus einem vorbildlich restaurierten Kramer-K-18-Bauernschlepper und einer im Jahr 1929 in Verbindung mit einem Deutz-Motor erstellten Bandsäge auf gedecktem Zweiachsanhänger besteht. Der Kramer K 18 mit seinem Güldner-GW-20-Wirbelkammer-Dieselmotor besaß 1650 kg Eigengewicht, wobei das Vierganggetriebe 16 km/h als größtmögliche Geschwindigkeit zuließ.

UNTEN

Infolge der während des Krieges in Deutschland herrschenden Treibstoffknappheit, durften ab 1942 nur noch Schlepper hergestellt werden, die mit aus festen Treibstoffen gewonnenen „heimischen Betriebsstoffen" wie Holzgas, Anthrazitgas und Torf betrieben wurden. Von dieser Zwangsmaßnahme waren alle Hersteller betroffen. Kramer entwickelte aus dem seit 1941 gebauten Einheits-Blockschlepper K 22 ein den vorgegebenen Richtlinien entsprechendes Holzgasfahrzeug, in dem Gas-Motoren von MWM, Deutz oder Güldner installiert wurden. Diese Aggregate wiesen bei einer Höchstleistung von 25 PS bei 1550 U/min Nenndrehzahl einen einheitlichen Hubraum von 3982 cm^3 auf. In diesem als Typ K 25 bezeichneten Generatorschlepper wurde das dem K 22 entsprechende ZF-Schaltgetriebe A 12 mit vier Vorwärts- und einer Rückwärtsgangstufe installiert. Um einen möglichst kleinen Wendekreis zu erreichen, waren die Hinterradbremsen als Lenkbremsen für jedes einzelne Rad ausgelegt. Der knapp 2,5 t schwere Gasschlepper besaß eine von den Berliner Gustloff-Werken hergestellte Einheitsgaserzeugungsanlage des Typs E 660. Er konnte im vierten Gang mit 19,8 km/h Höchstgeschwindigkeit gefahren werden und damit noch eine Anhängelast von 8 t in Bewegung halten.

Soweit feststellbar, wurde der Kramer-Generatorschlepper in nicht weniger als 1089 Exemplaren gebaut, wobei einige aus Restteilen gefertigte Fahrzeuge sogar noch bis Ende 1948 entstanden. Obwohl der Generatorgasbetrieb seinerzeit aus verständlichen Gründen keineswegs nur als Behelfsmaßnahme propagiert wurde, war jeder Anwender nach dem Krieg froh, möglichst bald wieder auf diese eher aufwendige, wenig effiziente und zudem noch schmutzige Antriebsart verzichten zu können. Daher wurden in den ersten Nachkriegsjahren viele Holzgas-Motoren auf Dieselbetrieb umgestellt. Abgebildet ist ein 1943 gebauter K 25 mit Güldner-2-Z-Motor.

Kramer auf der Frankfurter DLG-Ausstellung des Jahres 1950 für einiges Aufsehen und erzielte zufriedenstellende Verkäufe, zumal mit dem neuen K 12 V der preiswerteste Schlepper dieser Messe offeriert wurde. Motorisiert war dieser Kleinschlepper mit dem einzylindrigen MAH-914-Triebwerk von Deutz mit 1100 cm³ Hubraum, dessen Leistung mit 11 PS bei 1500 U/min angegeben war. Serienmäßig war ein Viergang-ZP-Getriebe eingebaut, das auf Wunsch aber auch durch ein fünfgängiges Kramer-Getriebe ersetzt werden konnte. Dieser K 12 V ist von 1951.

OBEN

Das von 1948 bis Ende 1950 gebaute Kramer-Modell K 28 basierte auf dem durch Eigenentwicklung in Zusammenarbeit mit der Zahnradfabrik Friedrichshafen entstammenden Getriebe des Holzgasschleppers K 25, dessen Fertigungsanlagen bei Kramer nach der Demontage einzig noch vorhanden waren. Er stellt damit eines der zeittypischen Improvisationsprodukte der frühen Nachkriegsjahre dar. Mit dem K 28 entstand der erste, in nennenswerten Stückzahlen gefertigte größere Traktor dieses Herstellers, der in Blockbauweise konstruiert worden war. In dieses Fahrzeug kam ein von der Süddeutschen Bremsen AG in München gefertigter und auf Dieselbetrieb umgerüsteter Zweizylinder-Holzgasmotor des Typs TD 15 von MWM zur Verwendung. Dieses 28-PS-Aggregat verfügte nach der erforderlichen Hubraumverkleinerung nun über 2860 cm³ Volumen. In dem Schaltgetriebe dieses Schleppers standen fünf Vorwärts- und eine Rückwärtsgangstufe mit bis zu 20,3 km/h Höchstgeschwindigkeit zur Verfügung. Die letzten Einheiten dieses Modells wurden bereits mit der Kramer-typischen runden Motorabdeckung ausgeliefert. Abgebildet ist ein vorzüglich restaurierter Schlepper aus dem ersten Jahr seiner Fertigung.

MITTE

Zur Mitte des Jahres 1950 stellten die Kramer-Werke das verbesserte Modell K 12 V vor, mit dem sie bewusst an die sehr erfolgreiche Konstruktion des berühmten „Allesschaffer“ anknüpften. In konstruktiver Hinsicht änderte sich an der Rahmenbauweise und seinem weiterhin verdampfungsgekühlten Motor wenig; äußerlich aber war dieser Schlepper durch eine nach hinten klappbare Motorhaube und die beidseitig als Sitzbänke ausgebildeten Hinterradkotflügel aufgewertet worden. Zusammen mit den übrigen Modellen des Verkaufsprogramms sorgte

RECHTS OBEN

Obwohl Kramer in der ersten Hälfte der 50er-Jahre das Schlepperangebot auch auf stärkere Modelle ausdehnte, bestand infolge der damals herrschenden großen Nachfrage der größte Teil der gefertigten Traktoren nach wie vor aus Kleinschleppern. Mit der im März 1953 erfolgten Vorstellung des neuen Tragschleppermodells KL 11 sollte einerseits diesen Wünschen, andererseits aber auch dem gleichzeitigen Trend nach luftgekühlten Schleppern Rechnung getragen werden. Der mit dem 11-PS-Deutz-Triebwerk F 1 L 612 bestückte KL 11 – rechts oben ein Fahrzeug

UNTEN
Das mit dem gleichen luftgekühlten Deutz-Motor bestückte Modell KA 110 ersetzte ab November 1956 den Typ KL 11. Als wichtiges Unterscheidungsmerkmal galt das nun aus eigener Fertigung stammende Getriebe, das neben einer aus den regulären fünf Vorwärtsgängen bestehenden Gruppe über fünf zusätzliche in einer Kriechganggruppe zusammengefasste Geschwindigkeitsabstufungen verfügte. Typisch für das Aussehen der Kramer-Schlepper waren die hinter dem runden Fliegengitter der Kühlerabdeckung angebrachten dicht nebeneinander angeordneten Scheinwerfer, die man damit vor Beschädigungen schützte. Auf dem Bild unten wird ein KA 110 mit Mähwerk aus dem Jahr 1956 gezeigt.

von 1955 – wurde bis Oktober 1956 produziert und löste das mittlerweile überalterte Verdampfermodell K 12 V ab. Infolge zu geringer eigener Fertigungskapazitäten, musste in diesem Traktor ein Getriebe von ZP mit fünf Vorwärtsgangstufen verwendet werden. Fortan wurden bei Kramer sowohl luft- als auch wassergekühlte Motoren von Güldner, MWM und Deutz verwendet.

UNTEN LINKS
Das ab Herbst 1956 angebotene Modell KA 250 von Kramer ergänzte den weiterhin gefertigten Typ KB 25, von dem es sich durch eine Doppelkupplung unterschied. Bis Mitte des Jahres 1958 erfolgte der Antrieb durch das wassergekühlte Zweizylinder-Viertakt-Dieseltriebwerk 2 BN von Güldner mit 25 PS bei 1800 U/min. Anschließend wurde bis zur Fertigungseinstellung im Juni 1959 unter gleichzeitiger Umbenennung der Schleppertypenbezeichnung in KWD 250, das leistungsmäßig identische 2-BS-Aggregat dieses Herstellers eingebaut. Das Getriebe war mit dem des KL 22 identisch. Dieser KA 250 stammt noch aus dem ersten Fertigungsjahr.

OBEN
Um die seit 1954 im Programm befindlichen, sowohl wasser- als auch luftgekühlten, aber auch mit Getrieben verschiedener Herkunft ausgerüsteten Schlepper unterscheiden zu können, hatten die Kramer-Werke ein ausgeklügeltes, leider sehr verwirrendes und fast nur für Insider verständliches Typenbezeichnungssystem unterschiedlicher Anfangsbuchstaben entwickelt. So trugen beispielweise Schlepper mit luftgekühlten Deutz- oder Güldner-Motoren den Zusatz „KL" in ihrer Bezeichnung. In den von Ende 1954 bis zum Frühjahr 1957 in Serie gefertigten mittelschweren 22-PS Schlepper KL 22 war demzufolge das luftgekühlte Zweizylinder-Viertakt-Deutz-Dieseltriebwerk F 2 L 612 installiert. Dieses Blockmodell – hier ein Fahrzeug von 1955 – verfügte über 1385 kg Eigengewicht und war mit einem gegen Mehrpreis erhältlichen, aus zwei Gruppen bestehenden Kramer-Fünfganggetriebe bestückt. Unter Einbeziehung der Kriechgangübersetzungen besaß das Getriebe insgesamt zwölf Gangstufen zwischen 0,58 und 20 km/h. Wie auch für die übrigen Modelle der Kramer-Produktpalette, stand ein umfangreiches Ausrüstungs- und Zubehörangebot zur Verfügung, wozu auch ein hydraulischer Kraftheber zählte.

UNTEN RECHTS
Schon 1951 hatte Kramer mit dem Modell K 33 den Einstieg in die schwere Leistungsklasse vollzogen. Im Frühjahr 1958 ersetzte das mit dem luftgekühlten Dreizylinder-Deutz-Motor F 3 L 712 ausgerüstete 33-PS-Schleppermodell KLD 330 den K 33. In das neue Modell wurde das bereits zuvor beschriebene Zweigruppen-Schaltgetriebe in Verbindung mit einer Doppelkupplung von Kramer, dessen Kriechganggruppe in diesem Modell zum serienmäßigen Lieferumfang zählte, ebenfalls eingebaut. Der KLD befand sich bis zum Herbst 1960 in der Produktion – dieser hier ist von 1959.

DIESE SEITE

Mit den Ende 1960 in Serie gehenden Modellen KL 300 und KL 400 hatte man die ersten beiden Typen einer neuartigen Schleppergeneration entwickelt, in die ein völlig neu konstruiertes Kramer-Zehnganggetriebe der Baugruppe II mit zwei zusätzlichen Rückwärtsgängen eingebaut wurde. Dieses Getriebe unterschied sich von den bisherigen durch einen seitlich rechts am Getriebetunnel angeordneten Fußhebel, mit dem zusätzliche Zwischengänge geschaltet werden konnten. Darüber hinaus bestand bei den neuen Typen die Auswahl zwischen einem Normalgetriebe bis 20 km/h, oder einem solchen mit Schnellgangübersetzung bis zu 30 km/h Höchstgeschwindigkeit. Die Doppelkupplung war beim KL 400 serienmäßig, beim KL 300 hingegen auf Wunsch erhältlich. In beiden Fahrzeugen verwendete man luftgekühlte Deutz-Motoren: beim KL 300 war es der Zweizylinder F 2 L 712 mit 28 PS, beim KL 400 die 38 PS starke Dreizylindervariante F 3 L 712. Ebenso wurden beide Typen mit der neu gestalteten, nach vorn klappbaren Motorhaube ausgeliefert. Der KL 300 konnte sich relativ lange, bis Anfang 1968, im Verkaufsprogramm halten; der KL 400 hingegen wurde bereits Anfang 1964 ersatzlos gestrichen. Um in den schwieriger werdenden Marktbedingungen bestehen zu können, musste Kramer ein breit gefächertes Typenprogramm aufrecht erhalten, welchem aber zu hohe Stückkosten bei zu kleinen Serien anhafteten. Langfristig gesehen war das Traktorengeschäft rückläufig. So fiel das Unternehmen, das noch 1958 einen Marktanteil von 4,7 % verbuchen konnte zehn Jahre später auf 2,1 %, und in den folgenden Jahren noch weiter zurück. Diese nicht aufzuhaltende Entwicklung nötigte die Unternehmensleitung, die Schlepperfertigung im Februar 1973 aufzugeben und sich auf das Baumaschinengeschäft zu verlegen. Die Fotos zeigen oben einen KL 300 von 1968 und darunter einen KL 400, der im folgenden Jahr entstand.

Kögel

OBEN

Die Münchener Maschinenfabrik Kurt Kögel konnte auf reiche, vor allem aus dem Baumaschinensektor resultierende Erfahrungen zurückblicken, als man sich 1949 auch dem Traktorenbau zuwandte. Auf die Produkte dieser Firma traf der Begriff der Konfektionsschlepper in hohem Maße zu. Bei der Motorbestückung beispielsweise wurde auf Aggregate von MWM, Henschel und Güldner zurückgegriffen. Charakteristische Merkmale der Kögel-Schlepper waren die formal sehr gelungene abgerundete Motorverkleidung, die breiten Kotflügel vorn und hinten, sowie die zum Patent angemeldete gefederte Pendel-Vorderachse. Interessant war auch die eigenentwickelte, sehr einfach zu handhabende Hydraulik. Auf der DLG-Ausstellung des Jahres 1950 in Frankfurt präsentierte Kögel neben einem schweren 45-PS-Schlepper das mit einem Zweizylinder-Viertakt-Henschel-Dieselmotor mit Wasserkühlung, 1590 cm^3 Hubraum, 22 PS Leistung sowie einem ZF-Fünfganggetriebe bestückte Modell K 25, das auch von den LHB-Werken in Salzgitter als LHB 25 zeitweise in Lizenz gefertigt und angeboten wurde. Immerhin wurden 1950 insgesamt 210 Kögel-Schlepper aller Typen, die in ihren Ausrüstungsmerkmalen hauptsächlich auf Kunden des bayerischen Umlandes zugeschnitten waren, neu zugelassen. 1955 wurde der kaum Gewinn abwerfende Schlepperbau bei Kögel eingestellt; dieser schöne K 25 mit Wetterdach entstand 1952.

KRÜMPEL

OBEN

Die Firma Josef Krümpel, ansässig in Wettringen im Kreis Steinfurt, war ein kleiner Eisen verarbeitender Fabrikationsbetrieb, der seit dem Jahr 1937 einen der damaligen Einheitsbauart entsprechenden Schlepper in kleiner Serie fertigte. Zum Einbau gelangte neben einem Prometheus-Getriebe mit vier Vorwärts- und einem Rückwärtsgang das damals für derartige Konstruktionen so bedeutsame wassergekühlte, nach dem Vorkammerverfahren arbeitende Zweizylinder-Viertakt-Dieselaggregat F 2 M 414 von Deutz mit 2198 cm^3 Hubraum, das bei 1500 U/min Nenndrehzahl 22 PS abgab. Es war ein grundsolider, in Handarbeit gefertigter typischer Konfektionsschlepper mit 1650 kg Eigengewicht, bei dem mehr oder weniger nur die Blechteile im eigenen Hause gefertigt wurden. Nach Kriegsende wurde dieses teilweise mit 25-PS-Motoren bestückte Modell weiterhin in ganz geringer Stückzahl bis zum Jahr 1952 gefertigt. Von den Krümpel-Schleppern, deren Verbreitung nie den regionalen Raum Westfalens überschritt – hier ein toprestauriertes Fahrzeug von 1939 –, wurden dem Vernehmen nach insgesamt kaum 100 Stück gebaut. Daher zählen die wenigen überlebenden Fahrzeugen heute zu den gesuchten Raritäten.

KÜHNER & BERGER

DIESE DOPPELSEITE

In einem im badischen Sasbach bei Achern nach dem Krieg eingerichteten kleinen Reparaturbetrieb für Stoßdämpfer US-amerikanischer Panzerfahrzeuge, konnte der Dipl. Ingenieur Berger zusammen mit seinem Schwager Kühner im Jahr 1949 die Fertigung eines von ihm selbst entworfenen kleinen Dreiradschleppers mit Ladepritsche, des „Dieselzwerges" aufnehmen. Das lenkbare Vorderrad dieser kleinen rahmenkonstruierten Ackermaschine besaß einen unmittelbar hinter dem Fahrersitz angeordneten Einzylinder-Viertakt-Dieselmotor mit 602 cm³ Hubvolumen und Verdampfungskühlung des unter der Bezeichnung „Farymann" bekannt gewordenen Fabrikats Farny & Weidmann mit zunächst 6, später 8 PS. Gesteuert wurde mittels eines motorradähnlichen Lenkers. Das aus dem US-Jeep stammende Getriebe war mit sechs Vorwärts- und zwei Rückwärtsgängen großzügig abgestuft und ließ eine Höchstgeschwindigkeit von 15 km/h zu. Die über der Hinterachse angebrachte Ladepritsche erlaubte eine Zuladung von beachtlichen 300 kg bei 650 kg Eigengewicht. Serienmäßig war dieser überaus vielseitig einsetzbare Dreiradzwerg mit Zapfwelle, Riemenscheibe und Ackerschiene bestückt; darüber hinaus waren auf Wunsch Anbaupflug, Frontmähwerk, Bewässerungspumpe, eine Spritze zur Schädlingsbekämpfung und andere Ausrüstungsgegenstände erhältlich. Dieses kleine und entsprechend preiswerte Fahrzeug war ab 1954 wahlweise auch mit einem gleichartigen, hubraumgesteigerten 10-PS-Motor zu erwerben und fand vor allem bei den Kleinbauern in Südwestdeutschland, in Parzellen- und Obstbaubetrieben so manchen Kunden. Angeblich sollen von diesem eher einem provisorischen Eigenbau ähnelnden, aber durchaus leistungsfähigen und robusten Kleintraktor bis zur Fertigungseinstellung 1957 um die 200 Stück gebaut worden sein. Auf der linken Seite ist ein 1949 gebautes Fahrzeug mit einem offenbar von einem Motorrad stammenden Vorderrad, unten ein 1951 gebautes, schon professioneller aussehendes Exemplar zu sehen.

Heinrich Lanz

DIESE DOPPELSEITE

Noch heute, bald ein halbes Jahrhundert nach dem endgültigen Fertigungsende der in Mannheim gebauten klassischen Glühkopf-Bulldogs von Lanz, ist der Begriff des „Bulldog" zumindest jedem Landwirt und Insider wohlbekannt und erfreut sich eines ungebrochenen, geradezu legendären Rufes – und nicht nur bei der älteren Generation. Mit anderen Worten: außer der Firma Heinrich Lanz ist es wohl keinem anderen Hersteller des europäischen Schlepperbaus jemals gelungen, dass ein Markenname im Sprachgebrauch zu einem Synonym für den Schlepper schlechthin wurde. Die Lanz-Bulldogs wurden daher bereits zu Lebzeiten fast schon zu einer Sage. Diese Entwicklung reicht bis ins Jahr 1921 zurück, als das bereits 1859 gegründete und schon früh maßgeblich und wegbereitend mit dem Bau landwirtschaftlicher Geräte und Bodenfräsen befasste Unternehmen auf der erstmals nach dem Ersten Weltkrieg wieder stattfindenden DLG-Ausstellung in Leipzig einen mit einem 12-PS-Rohölmotor ausgerüsteten Bulldog der Öffentlichkeit vorstellte. Es war eine sehr einfach und kompakt konstruierte, selbstfahrende Arbeitsmaschine, die sich zum Antrieb stationärer Maschinen hervorragend eignete, für Ackerarbeit aber kaum zu verwenden war. Insgesamt war die Erscheinung dieses zunächst nur mit Eisenrädern erhältlichen Vehikels eher unscheinbar und der Glühkopf des Motors besaß – daher der Name – eine entfernte Ähnlichkeit mit dem Kopf einer Bulldogge. Der Glühkopfmotor, dessen grundlegendes Prinzip nahezu 40 Jahre lang beibehalten wurde, war mit Sicherheit eine der erfolgreichsten Entwicklungen in der Geschichte des Schlepperbaus. Sie ging auf den Lanz-Konstrukteur Dr. Fritz Huber zurück. Es war zugleich der erste Rohölschlepper der Welt, der gerade zur rechten Zeit kam, um die Kraft eines Motors auch weniger finanzkräftigen Kunden zugänglich zu machen. Der kleine „12er" schluckte nahezu jeden vorhandenen Kraftstoff, war einfach zu bedienen sowie überaus robust und zuverlässig. Damit kam dieses Konzept dem kaum vorhandenen technischen Wissen der damaligen Landbevölkerung sehr entgegen. Neben der genannten Ausführung mit Eisenrädern gab es schon bald eine elastikbereifte Verkehrsbulldog-Variante, die auf Straßen und Wegen, in der Landwirtschaft beispielsweise zum Ziehen von Dreschmaschinen, daneben auch für Transportaufgaben im Nahbereich der Städte verwendet werden konnte. Diese Abbildungen zeigen einen solchen, bestens restaurierten 12er-Bulldog aus dem Jahr 1923.

LANZ

LANZ

DIESE SEITE

1926 erschien als weitere Ergänzung des Lanz-Verkaufsprogramms der sogenannte Groß- oder Verdampferbulldog des Typs HR 2 auf dem Markt, eine sowohl auf großen Gütern und bei Lohnunternehmungen in der Landwirtschaft, als auch bei Spediteuren, Schaustellern, der Industrie und vielen anderen Bereichen einsetzbare schwere Maschine. Diese auch unter der Modellbezeichnung „22/28-PS-Großbulldog“ geführte Maschine arbeitete nach dem gleichen einfachen und anspruchslosen Prinzip des kleinen „12er“, wies aber im Gegensatz zu diesem eine wesentlich größere Leistung auf. Der „Großbulldog“ erzeugte aus seinem wahrhaft gewaltigen Hubraum von 10266 cm³ eine Höchstleistung von 30 PS, obwohl diese anfangs nur mit 22 PS angegeben wurde. Der Motor war mit einem Viergang-Wechselradgetriebe verblockt. Durch Umsteuern des Motors konnte die gleiche Anzahl von Rückwärtsgangstufen bereitgestellt werden. Mit Hilfe unterschiedlicher Getriebeübersetzungen und Sonderausstattungen, insbesondere in der Bereifungsart, wurde der Bulldog seinem jeweiligen Einsatzzweck angepasst. Die preiswerteste Acker-Ausführung mit Eisenrädern, wie ganz oben abgebildet, stand mit 5600 Reichsmark in den Preislisten und war damit konkurrenzlos günstig. Unten ist eine zwillingsbereifte Verkehrsausführung mit schnellerem Getriebe zu sehen. Dieser Bulldog verließ, ebenso wie das oben gezeigte Fahrzeug, im Jahr 1926 das Fließband.

RECHTE SEITE

1929 kam mit dem Typ 15/30 eine neue Bulldog-Generation auf den Markt, bei der nicht zuletzt im Hinblick auf die Erfordernisse in wasserarmen Exportländern, das Verdampfungskühlsystem durch das wesentlich sparsamere Thermosyphon-Prinzip ersetzt worden war. Leistungsmäßig glich er seinem Vorgänger; einen weiteren Vorteil brachte allerdings das neue Dreiganggetriebe mit Rückwärtsgang, der ohne das umständliche Umsteuern des Motors eingelegt werden konnte. Die Ausführung des 22/38/44-PS-Kühlerbulldog war die stärkste Maschine dieser bis 1935 beibehaltenen Serie und brachte eine maximale Höchstleistung von 44 PS hervor. Auf der gegenüber liegenden Seite wird ein solches, etwa 1932 gebautes, 3300 kg schweres Fahrzeug gezeigt.

BULLDOG

Zur Beachtung:
1. Betriebsanleitung lesen!
2. Schmieröl nachfüllen!
3. Kühlwasser nachfüllen!
4. Schlepper schmieren!
5. Schmieröl vorpumpen!
Bremsen prüfen, rechtzeitig nachstellen!
dem Schalten der Gänge auskuppeln!

LINKS

Nach der großen Flaute der Weltwirtschaftskrise bescherte der nach 1933 einsetzende Wirtschaftsaufschwung auch der Heinrich Lanz AG wieder positive Verkaufsergebnisse. Mit neuen, für Ackerarbeiten als auch für Straßenfahrten universell einsetzbaren, im Detail verbesserten ackerluftbereiften Glühkopfmodellen verschiedener Leistungsklassen war das Unternehmen darauf gut vorbereitet. Das zur Verfügung stehende Angebot reichte vom 20-PS-Bauern-Bulldog D 3506 über den 25 PS starken D 7506 – das war wahrscheinlich die am häufigsten gefertigte Glühkopf-Variante – bis hin zu noch leistungsstärkeren Typen, die mit dem 55 PS starken D 1506 ihre Spitze erreichten. Mit dem Straßenschlepper-Modell D 2531 erschien zur Mitte des Jahres 1937 eine bis 1943 und auch nach dem Krieg gebaute, völlig neue Eilbulldog-Konstruktion auf dem Markt. Er unterschied sich von den bisherigen Modellen in erster Linie durch seine durchgehenden Kotflügel und Trittbretter sowie die gefederte Vorderachse. Der gesamte Aufbau gab dem Fahrzeug ein „automobilähnliches" Erscheinungsbild. In dieser bis zu 4500 kg schweren Maschine wurde der 55-PS-Motor des D 1506 verwendet. Das mit einem Hebel zu schaltende Getriebe wies fünf Vorwärts- und einen Rückwärtsgang auf, wobei in der Schnellgangstufe bis zu 30,6 km/h Höchstgeschwindigkeit erreichbar waren. Der in offener oder geschlossener Ausführung lieferbare schwere Bulldog besaß einen 300-l-Kraftstofftank. Als Zubehör waren Seilwinde und Druckluftbremsanlage erhältlich. Dieser zuverlässige und relativ schnelle Eilbulldog wurde als Straßenschlepper vor allem im innerstädtischen Nahverkehr, speziell im Anhängerbetrieb bis in die fünfziger Jahre von Fuhrgeschäften eingesetzt. Hier ein offenes Fahrzeug von 1938.

OBEN

Neben dem soeben vorgestellten schweren 55-PS-Eilbulldog gab es weitere, leistungsschwächere und daher preiswertere Lanz-Schlepper für Eiltransporte und schwere Lasten. Das zwischen 1937 und 1943 gefertigte Modell D 9531 der HR-8-Baureihe war mit 45 PS Höchstleistung immer noch ein sehr kraftvoller, rund 3800 kg schwerer Schlepper, der sich in ähnlichen Aufgabenbereichen sehr bewährte. Es stand ein gruppengeschaltetes Getriebe mit insgesamt sechs Vorwärts- und zwei Rückwärtsgängen für Geschwindigkeiten bis maximal 23,8 km/h zur Verfügung. Selbstverständlich war dieser auch mit hinterer

UNTEN

Ab 1943 mussten auch Lanz Bulldogs auf Holzgasgeneratorbetrieb umgerüstet werden. Dabei gab es zunächst das sogenannte Zweistoffverfahren, wobei neben dem durch eine neuentwickelte Gasschleuse angesaugten und verdichteten Holzgas eine kleine Menge Dieselkraftstoff zur Zündung benötigt wurde. Erst danach konnte auf Holzgasbetrieb umgestellt werden. Damit auf diese relativ kleine Menge Dieseltreibstoff ganz verzichtet werden konnte, gab es zusätzlich den Reingasbetrieb, bei dem der Motor zunächst mit Benzin und Zündkerze angelassen wurde und anschließend dann mit Holzgas funktionierte. Bei letzterem Verfahren trat im Gegensatz zu den mit einer Zweistoffanlage ausgerüsteten Motoren der Nachteil der gegenüber dem reinen Dieselbetrieb wesentlich geringeren Leistung noch deutlicher zutage. Die Abbildung zeigt einen mit einer Zweistoffanlage bestückten 45-PS-Ackerluftbulldog des Modells D 9506 aus dem Jahr 1943.

Zwillingsbereifung und geschlossenem Fahrerhaus erhältliche Eilbulldog mit reichhaltig vorgehaltenen Sonderausrüstungsteilen, wozu neben der Seilwinde auch die für Straßentransporte unerlässliche Druckluftbremsanlage zählte, zu erwerben. Dieser 1938 gebaute Eilbulldog ist mit einem offenbar nachträglich in der DDR gebauten, geschlossenen Fahrerhaus versehen worden.

OBEN

Der Neubeginn nach dem Krieg begann bei Lanz in weitgehend zerstörten Fertigungsanlagen und – wie überall im Lande – unter heute unvorstellbar großen Schwierigkeiten. Mit dem Bau der alten Vorkriegs-Glühkopfmodelle, wurde die Wiederaufnahme der Fabrikation in kleinen Stückzahlen eingeleitet. Hierbei lag der bis 1952 gebaute 25-PS-Typ D 7506 eindeutig an der Spitze. Erst ab 1950 konnte wieder von einer einigermaßen funktionierenden Serienfertigung gesprochen werden. Ein weiteres Betätigungsfeld des Mannheimer Unternehmens betraf die Umrüstarbeiten von Holzgas- auf Dieselbetrieb. Den D 7506 gab es in vielen unterschiedlich ausgerüsteten Varianten und Ausführungen, wozu auch eine solche für reine Ackerarbeiten mit Eisenrädern zählte. Der oben gezeigte, sehr seltene 25-PS-Eilbulldog des Typs D 7539 mit gefederter Vorderachse und geschlossenem Fahrerhaus stammt allerdings noch aus der Vorkriegsproduktion. Er konnte im ersten Gang 20 t auf „ebener, guter, fester und trockener" Straße ziehen.

LINKS

Auch der schwere Eilbulldog der HR-9-Baureihe des Modells D 2539 wurde nach dem Krieg nahezu unverändert weitergebaut, allerdings nur noch in bescheidenen Stückzahlen. Die Zeit der Eilbulldogs und auch der Straßenzugmaschinen ging vorbei, denn die Fortentwicklung der Lastkraftwagen, die immer stärker in deren frühere Einsatzbereiche vordrangen, schuf neue, veränderte Bedingungen. Auch jetzt gab es die Eilbulldogs mit einer umfangreichen Palette an Sonderausrüstungsteilen und darüber hinaus in einer offenen Ausführung mit Faltverdeck oder mit geschlossenem festen Fahrerhaus. Ein Merkmal der

Nachkriegsfahrzeuge war die ungeteilte, ausstellbare Windschutzscheibe. Er war schon eine imposante Erscheinung, dieser schwere 55-PS-Straßenschlepper von Lanz, dessen Fertigung 1954 schließlich endgültig eingestellt wurde und heute unter Sammlern eine schon geradezu legendäre Bedeutung besitzt. Hier ist ein Fahrzeug mit festem Fahrerhaus aus dem Jahr 1950 zu sehen.

RECHTS

Auf der 1939 stattfindenden DLG-Ausstellung gelangte das Lanz-Modell D 7506 in der Version als Allzweck-Bulldog erstmals zur Vorstellung. Es war eine aus der Ackerluftausführung hervorgegangene Konstruktion mit großen, schmalen ackerluftbereiften Hinterrädern, gekröpfter Vorderachse und entsprechend großer Bodenfreiheit, was dieses Fahrzeug speziell für Hackfrucht- und Pflegearbeiten besonders geeignet machte. Zwecks Gewichtsreduzierung bestückte man die Hinterachse mit Speichenfelgen. Der Einzylinder-Glühkopfmotor mit Thermosyphonkühlung und 4767 cm³ Volumen war identisch mit dem des Ackerluftbulldogs und stellte seine Höchstleistung von 25 PS bei 850 U/min zur Verfügung. Das mit einer Gruppenschaltung versehene Getriebe mit sechs Vorwärts- und zwei Rückwärtsfahrstufen war für maximal 17,7 km/h ausgelegt. Der hauptsächliche Fertigungszeitraum der Allzweckmaschine begann aber erst 1950, nachdem vor dem Krieg nur noch wenige Einheiten gebaut werden konnten. Rechts oben ein toprestauriertes Fahrzeug von 1950.

RECHTS

Auch das schwerste und leistungsstärkste Ackerluft-Modell von Lanz, der seit 1938 gefertigte und zur Baureihe HR 8 zählende Typ D 1506, gelangte ab 1950 mit Detailverbesserungen, aber mit unverändertem Grundkonzept, wieder ins Verkaufsprogramm. Diese mit 3500 kg Eigengewicht recht massive Glühkopfmaschine hatte – trotz im Grunde veralteter motorischer Technik und zunehmender Dieselkonkurrenz – trotzdem noch einen festen Kundenstamm, so dass in den Jahren 1954 und 1955 immer noch so viele Bulldogs verkauft wurden, wie von den neuen Nachfolgern aus eigenem Hause. Doch im Oktober 1955 wurden für die Produktion dieses Schwergewichts die Signale endgültig auf „Halt“ gestellt. Hier ein Traktor von 1952.

DIESE SEITE

Relativ wenig bekannt ist die Tatsache, dass Lanz vor allem im Hinblick auf den Export in französische Weinbauregionen seit 1956 auch Schmalspurschlepper auf der Basis der seit 1955 im Programm befindlichen Volldieseltraktoren fertigte. Dabei handelte es sich vor allem um das Modell D 2402, eine Schmalspurvariante des D 2416 für Wein-, Hopfen- und Obstkulturen. Durch Spurverstellung durch Umdrehen der Räder auf Normalspur war dieses Fahrzeug auch für alle übrigen Feldarbeiten auf ebenen Flächen zu verwenden und dadurch recht universell einsetzbar. Die tiefe Schwerpunktlage sorgte für große Kippsicherheit und machte diesen Schlepper auch für Arbeiten an Hängen sehr geeignet. Der D 2402 verfügte wie die normalspurige Ausführung über ein wasserumlaufgekühltes, liegend eingebautes Einzylinder-Zweitakt-Dieseltriebwerk mit 2616 cm^3 Hubraum, das seine Kraft von 24 PS bei 1050 U/min auf die Hinterräder übertrug. In diesem bis 1959 produzierten Modell befand sich ein Getriebe mit sechs Vorwärts- und zwei Rückwärtsgängen, wobei die Höchstgeschwindigkeit infolge der kleineren Räder nur 15,2 km/h betrug. Der 1470 kg leichte Weinbergschlepper war 20 cm kürzer als der normale Serienschlepper und mit einer Dreipunkthydraulik bestückt, welche die Anbaugeräte wegen des geringen zwischen den Reben zur Verfügung stehenden Platzes senkrecht aushob. Während man oben ein Fahrzeug von 1957 sehen kann, entstand das unten gezeigte Exemplar im darauf folgenden Jahr.

UNTEN

Zur sinnvollen Abrundung und Ergänzung der Angebotspalette wurde für die Zielgruppe der kleinen landwirtschaftlichen Betriebe rechtzeitig zu der 1951 in Hamburg stattfindenden DLG-Ausstellung ein neu entwickelter, unter der Markenbezeichnung „Alldog“ angebotener, für Feld- und Transportarbeiten gleichermaßen geeigneter Lanz-Motorgeräteträger fertig. Bei dieser Konstruktion waren Motor und Fahrersitz über der Hinterachse angeordnet und auf der davor befindlichen Ladepritsche konnten bis zu 0,75 t Last befördert werden. Es bestanden vielfältige hydraulisch oder von Hand zu betätigende Geräteanbaumöglichkeiten vor und auf dem doppelholmigen Rahmen, zwischen den Achsen und am Heck. Durch die Anbringung mehrerer Geräte konnten Arbeiten gleichzeitig ausgeführt werden. Ein hydraulischer Kraftheber, Mähwerk und die Pritsche gehörten zum serienmäßigen Lieferumfang. Die Konzeption war durchaus marktgerecht – leider aber war der aus der Motorradproduktion der Triumph-Werke Nürnberg (TWN) eingebaute 12-PS-Einzylinder-Zweitakt-Vergasermotor viel zu schwach sowie für diese Verwendung völlig ungeeignet und daher meist nur von kurzer Lebensdauer. Die Flut von Reklamationen und schlechte Absatzzahlen bewirkten, dass dieses Aggregat zu einem Halbdieselmotor mit unveränderter Leistung umgebaut wurde, der dann zwischen 1954 und 1955 – hier ein Fahrzeug dieses Baujahres – in den nun als Alldog A 1215 bezeichneten Folgetyp eingebaut wurde.

RECHTS

Erst nachdem im folgenden Jahr ein bewährtes, mit 18 PS auch wesentlich stärkeres, wassergekühltes Zweizylinder-Viertakt-Dieselaggregat von MWM in den nun als Alldog A 1806 bezeichneten Lanz-Geräteträger eingesetzt wurde, entstand ein sehr brauchbares Fahrzeug, mit dem die Verwender die vielen gebotenen Einsatzmöglichkeiten endlich vollkommen ausschöpfen konnten. Das Vertrauen der Kundschaft aber war dahin; daher blieben die Verkaufszahlen unbefriedigend, was zur Fertigungseinstellung im Jahr 1960 führte. Das mit einem Sechsganggetriebe bestückte Fahrzeug war auch mit Windschutzscheibe und Dach ausrüstbar. Dieses Fahrzeug ist von 1959.

RECHTS

Ein Novum für die Fachwelt war die Verwendung von Fremdbauteilen in Lanz-Traktoren, wurden doch bisher nahezu sämtliche Komponenten im eigenen Werk hergestellt. So wurde 1955 – ein eigener Motor stand nicht zur Verfügung – das mit einem Einzylinder-MWM-Dieselaggregat von 12 PS bestückte Blockmodell D 1266 angeboten, aber nur in 450 Einheiten gefertigt. Da bei diesem kleinen Bauernschlepper auch andere Komponenten wie Getriebe, Kupplung und Lenkung von fremden Herstellern bezogen wurden, trug dieses durchaus konkurrenzfähige Modell alle Merkmale eines Konfektionsschleppers. Auch für den D 1266 – abgebildet ein Fahrzeug von 1956 – stand eine umfangreiche Palette von Sonderausrüstungsteilen wie hydraulischer Kraftheber, Riemenscheibe und Mähwerk zur Verfügung.

MITTE

Zu den zwischen 1955 und 1960 gebauten, nach dem Baukastenprinzip gefertigten vier neuen Lanz-Volldieselschleppern, die einheitlich über wassergekühlte Zweitakt-Dieselmotoren verfügten, gehörte als zweitstärkstes Modell dieser Reihe der Typ D 2416, der einen 24-PS-Motor mit 2616 cm³ Hubraum sowie ein Getriebe mit sechs Vorwärts- und einer Rückwärtsgangstufe besaß. Die Dieselbulldogs waren mit einer neuen, nach vorn aufklappbaren Haube und einer rohrkonstruierten vorderen Portalachse ausgebildet. Als Sonderausstattung waren Sperrdifferenzial, Kriechganggetriebe, Dreipunkthydraulik, Frontlader sowie eine Motorzapfwelle erhältlich. Das abgebildete Exemplar verließ 1958 die Fertigungsstraßen des Werkes.

LINKS

Das Modell D 1306 von Lanz war ein leichter Tragschlepper in Blockbauweise, bei dem Motor und Getriebe von Zulieferern bezogen wurden. In diesem zwischen 1955 und 1956 gebaute Modell wurde ein von den Lanz-Technikern zum direkteinspritzenden Dieselmotor umgebautes hochtouriges Einzylinder-Zweitakt-TWN-Aggregat mit nur 533 cm^3 Hubraum und 13 PS und 2800 U/min Nenndrehzahl verbaut. Konzeptionell und ausstattungsmäßig entsprach dieses Fahrzeug durchaus den Erfordernissen des Marktes, allein der ungeeignete und störanfällige Motor verhinderte bessere Verkaufserfolge. Hier ist ein Fahrzeug von 1956 zu sehen.

RECHTS
Mitte der 50er-Jahre traten neue Großbulldogs bei Lanz in Erscheinung, die mit einzylindrigen, nach dem Zweitaktverfahren arbeitenden, thermosyphongekühlten, liegenden Halbdiesel-Mitteldruckmotoren ausgerüstet waren und die mittlerweile veralteten Glühkopfmodelle ersetzen sollten. Diese Motoren musste man aber erst mit Benzin und Zündkerze anlassen, bevor sie anschließend auf Dieselbetrieb umgestellt werden konnten. Das schwere Halbdieselmodell D 5006 füllte die durch die Produktionseinstellung der Glühkopftypen entstandene Lücke im Verkaufsprogramm und war ebenso wie der D 6006 vorzugsweise für den Export vorgesehen. Diese starke Maschine leistete 50 PS bei 650 U/min aus 7350 cm^3 Hubraum und besaß ein in zwei Gruppen aufgeteiltes Schaltgetriebe mit sechs Vorwärts- und zwei Rückwärtsgangstufen bis 18,4 km/h. Die obige Abbildung zeigt ein bereits in der grünen John-Deere-Lackierung ausgeführtes, in den Niederlanden fotografiertes Fahrzeug mit Windschutzscheibe und Wetterdach von 1959.

RECHTS
Große Ähnlichkeit mit dem D 5006 hatte das mit 60 PS noch stärkere Modell D 6006, das relativ selten in Deutschland zugelassen wurde. Als D 6016 gab es hiervon auch eine Variante mit zusätzlichen Kriechgängen. Mit einem Eigengewicht von etwa 3850 kg waren dies – hier ein Fahrzeug von 1958 – schon gewaltige und wuchtige Maschinen, die keine selbst noch so schwere Arbeit zu scheuen brauchten. Auch nach dem Erscheinen des D-4016-Volldieselschleppers blieben diese schweren Modelle bis zur Beendigung des eigenständigen Traktorenbaus ein fester Bestandteil des Lanz-Programms. Nachdem John Deere ab Oktober 1956 bereits über die Aktienmehrheit bei Lanz verfügte, wurden die Traktoren ab 1960 unter der Bezeichnung „John Deere-Lanz AG“ angeboten. Schon bald darauf setzten neue Schlepper mit Vierzylindertechnik unter neuer Regie die Mannheimer Traditionen fort.

Hermann Lanz

LINKS

Ebenso wie Fahr, Fendt und Kramer gelangten auch die Aulendorfer Hermann Lanz-Werke – mit dem bekannteren Mannheimer Namensvetter dieser Branche weder verwandt noch verschwägert – über den Landmaschinen- und Grasmäherbau schließlich zum Bau von Traktoren. Zunächst fertigte man mit Deutz-Motoren bestückte Bauern- und Einheitsschlepper und ab 1942 die damals üblichen Generatorfahrzeuge, die in den letzten Kriegsjahren von der Industrie hergestellt werden mussten. Durch Demontage der Produktionsanlagen sehr behindert, dauerte es bis 1949, ehe die serienmäßige Schlepperfertigung ihre Fortsetzung fand. Das neue Produktprogramm bestand zunächst aus drei verschiedenen Typen, die zwar mit MWM-Motoren, ansonsten aber weitgehend mit aus Eigenfertigung entstammenden Bauteilen ausgerüstet war. Die Motorleistungen betrugen 14, 22 und 28 PS, wobei mit Letzterem erstmals der Versuch unternommen wurde, sowohl größere landwirtschaftliche Betriebe, aber auch Kunden aus dem Transportgewerbe anzusprechen. Dieser mit dem wassergekühlten Zweizylinder-Viertakt-KD-415-Z-Triebwerk mit 2850 cm^3 Hubraum und einem Fünfganggetriebe ausgerüstete Schlepper war schon ein durchaus ansehnliches und leistungsstarkes Fahrzeug, das, wie auch die übrigen Modelle des Programms, mit einer sehr beachtlichen, ohne Mehrpreis gelieferten Ausstattung wie Zapfwelle, Riemenscheibe, Mähwerk, Differenzialsperre und elektrischer Beleuchtungsanlage bestückt war. Für Straßenverwendung konnte ein schnelleres achtgängiges Getriebe eingebaut werden. Die Abbildung zeigt ein 1952 gebautes Exemplar.

LINKS

Um mögliche Verwechselungen mit den Mannheimer Lanz-Werken zu vermeiden, wurden die Aulendorfer Traktoren ab 1951 unter dem Markennamen „Hela“ angeboten. Obwohl in den 50er-Jahren auch stärkere Modelle mit bis zu 45 PS von diesem Hersteller bezogen werden konnten, lag der eindeutige Schwerpunkt der Fertigung auf den leichten bis mittelschweren Modellen. Seit 1957 gab es zwei Kleinschlepper in der 12-PS-Klasse: den D 12 S mit Portalvorderachse und relativ großer Bodenfreiheit sowie das Modell D 122 mit einer Zentralachse vorn. Beide Traktoren – hier ein D 112 aus dem ersten Fertigungsjahr – gab es mit wasser- oder luftgekühlten einzylindrigen 1040-cm³-MWM-Motoren.

RECHTS

Die Akzeptanz der vor allem in Baden-Württemberg vertriebenen Hela-Schlepper kam in der für das mittelständische Unternehmen durchaus beachtlichen Zulassungsquote von 1174 Stück im Jahr 1950 und 2348 Einheiten im Jahr 1955 zum Ausdruck. Ein blockkonstruierter 18-PS-Schlepper war das wiederum mit luft- sowie wassergekühlten MWM-Aggregaten lieferbare Modell D 16, das hier in einem 1959 gebauten Exemplar mit der bereits leicht schräg nach vorn geneigten neuen Kühlerverkleidung zu sehen ist. Dieser Typ war mit einem Schaltgetriebe aus eigener Fertigung bestückt, das sechs Vorwärts- und einen Rückwärtsgang besaß. Als Kriechgang diente die erste Gangstufe mit 1,8 km/h Geschwindigkeit.

RECHTS

Ab 1960 hatten die Hela-Modelle eine neu gestaltete verrundete Motorhaube mit aktualisierter Kühlerverkleidung erhalten, was aber die Absatzzahlen trotz guter Fertigungsqualität und konkurrenzfähiger Technik, wie z.B. der als „Helamatic" bezeichneten eigenständigen Hydraulik, nicht vor der mittlerweile rückläufigen Tendenz im Schleppergeschäft bewahren konnte. Im genannten Jahr waren es gerade mal 1085 Traktoren, die verkauft werden konnten. Das entsprach einem Marktanteil von nur noch 1,2 % – bei weitem zu wenig, um auf Dauer eine kostendeckende Fertigung aufrecht erhalten zu können. Auch rächte es sich nun, dass der Ausbau eines flächendeckenden Händlernetzes über den regionalen Rahmen hinaus versäumt worden war. Ein formschöner 20-PS-Tragschlepper, bestückt mit einem von den Motoren-Werken Mannheim stammendem wassergekühlten Zweizylinder-Viertakt-Dieseltriebwerk mit 1488 cm³, war das 1390 kg schwere Modell D 420. Tadellos restauriert ist hier ein Fahrzeug von 1966 zu sehen.

DIESE SEITE

Im Jahr 1955 hatten die Aulendorfer Lanz-Werke damit begonnen, verschiedene Schleppermodelle mit eigenentwickelten und im Werk gefertigten Motoren zu bestücken. Dabei wurden nach dem Baukastensystem konstruierte ein- bis dreizylindrige Wirbelkammer-Triebwerke gebaut, die als Besonderheit über eine automatische Ventil-Drehvorrichtungen verfügten. Letztendlich aber erwies sich das für ein Unternehmen dieser Größenordnung recht ehrgeizige Projekt des eigenen Motorenbaus infolge Auslaufens des großen Nachkriegs-Schlepperbooms als in keiner Weise rentabel. Ein wichtiges Standbein war innerhalb der seit 1960 zwischen 15 und 38 PS angesiedelten neuen Modelle immer noch der leichte Tragschlepper D 415, den es überwiegend wassergekühlt mit dem 15-PS-1082-cm^3- Einzylinder-Viertakt-Dieseltriebwerk des Typs AE, aber auch mit dem luftgekühlten, ansonsten identischen ALE-Motor – beide Triebwerke kamen aus eigenem Hause – gab. Letztere Ausführung wurde nur in 15 Exemplaren gebaut. Beide Varianten verfügten über ein gleichfalls im Hela-Werk gefertigtes Getriebe mit sechs Vorwärts- und zwei Rückwärtsgängen für Geschwindigkeiten von 1,5 bis 19,5 km/h. Bei einem Eigengewicht von nur 1130 kg konnte der kleine Schlepper mit 10 t eine recht beachtliche Anhängelast im ersten Gang bewegen. Oben ist ein D 415 als seltener luftgekühlter Schlepper, unten die wassergekühlte Ausführung – beide von 1962 – zu sehen.

RECHTS

Mit dem leistungsstarken Spitzenmodell D 38 wollte das Unternehmen auch der Kundengruppe der größeren landwirtschaftlichen Betriebe einen Schlepper der Oberklasse anbieten. Der ab 1960 angebotene D 38 besaß ebenso wie sein mit 45 PS noch stärkerer Bruder D 45, einen wassergekühlten, der eigenen Motorenfertigung entstammenden Dreizylinder-Viertakt-Dieselmotor des Typs AD mit 3246 cm^3 Hubvolumen, wobei das 38-PS-Modell seine Leistung bei 1650 U/min abgab. In diesem Schlepper mit 1870 kg Eigengewicht, der die Lücke zwischen dem 30-PS-Schlepper D230 und dem D45 ausfüllte, wurde das eigengefertigte Getriebe mit sechs Vorwärts-, einem Rückwärtsgang und einer zusätzlichen Kriechgeschwindigkeit verwendet. Lediglich etwa 20 Fahrzeuge dieser Art sollen insgesamt gebaut worden sein; hier ein mit Allwetterverdeck im Jahr 1960 gebauter Traktor.

LINKS

Mit dem Modell D 548 wurde ab 1964 ein leistungsmäßig seinem Vorgänger, dem D 45, identisches, schweres und sehr zugkräftiges Fahrzeug angeboten, das man in jeder Weise als für alle schweren Zapfwellengeräte geeignet ansehen konnte und als sogenannter Vollernteschlepper alle anfallenden Arbeiten in Großbetrieben zu bewältigen imstande war. Dieser Hela-Schlepper besaß ein Eigengewicht von 2250 kg. In ihm war das vom D 45 her bekannte Dreizylinder-Hela-45-PS-Antriebsaggregat installiert. Neu war das ebenfalls in Aulendorf gefertigte Schaltgetriebe mit neun Vorwärtsgängen und vier Rückwärtsfahrstufen für Geschwindigkeiten zwischen 0,9 und 19,7 km/h. Die erhältlichen Zubehörteile waren wie immer sehr zahlreich; der D 548 – abgebildet ist ein hervorragend restauriertes Fahrzeug aus dem Jahr 1966 – war auf Wunsch u.a. mit Motor- und Wegezapfwelle, Doppelkupplung, Allwetterverdeck und Seilwinde ausrüstbar. In den späten sechziger Jahren war der Absatz der schließlich wieder mit MWM-Motoren ausgerüsteten Traktoren weiterhin rückläufig und 1978 gab das Unternehmen die Schlepperherstellung endgültig auf.

LHB

DIESE DOPPELSEITE

Die bis 1945 in Breslau und ab 1949 in Salzgitter-Watenstedt ansässigen Linke-Hofmann-Werke waren ursprünglich auf den Bau von Eisenbahnwaggons, Bergwerkausrüstungen und Lokomotiven spezialisiert, bevor im Jahr 1927 mit dem Bau von Kettenschleppern begonnen wurde. In den 30er-Jahren wurde besonders das Raupenmodell „Rübezahl" sehr bekannt. 1936 ging die Abteilung Maschinenbau und damit auch die Fabrikation von Kettenschleppern in den Breslauer Famo-Werken auf, was auch das vorläufige Ende dieser Aktivitäten für LHB bedeutete. Nach Kriegsende erfolgte die Wiederaufnahme des Eisenbahnbaus im ehemaligen Zweigwerk Salzgitter, ehe man sich 1949 zu einem Neubeginn der Schlepperfertigung entschloss. In Ermangelung der früheren Konstruktionsunterlagen kam es zu einer Zusammenarbeit mit der Münchener Firma Kögel. Aus dieser Konstruktionsgemeinschaft entstand ein Radschlepper, dessen Bauteile sich fast ausschließlich aus fremdbezogenen Komponenten zusammensetzten. Dazu gehörten u.a. Motor, Getriebe, Felgen, Bereifung, Motorhaube, Fahrersitz sowie die elektrische Ausrüstung. Der Motor – ein wassergekühlter, nach dem Lanova-Luftspeicherverfahren arbeitender Zweizylinder-Viertakt-Dieselmotor des Typs 515 DE von Henschel – war ein sehr bewährtes Aggregat, das seine Leistung von 22 PS bei 1800 U/min aus einem Hubraum von 1590 cm^3 bezog. In dem von ZF beigesteuerten Getriebe standen fünf Vorwärts- und ein Rückwärtsgang bis maximal 22,5 km/h Geschwindigkeit zur Verfügung. Dieser formschöne, unter der Typenbezeichnung LHS 25 angebotene, mit einer pendelnd angebrachten Vorderachse konstruierte Blockbauschlepper wurde im Jahr 1950 auf der DLG-Ausstellung in Hamburg erstmals vorgestellt. Die erhofften Kaufabschlüsse hielten sich jedoch in Grenzen und nachdem nur etwa 400 Einheiten bis Mitte des Jahres 1952 gebaut worden waren, stellte das Werk den Radschlepperbau gänzlich ein. Diese Doppelseite präsentiert zwei restaurierte Fahrzeuge aus dem Jahr 1950.

MAN

DIESE SEITE

Mit einer Motorpflugkonstruktion nahm die Maschinenfabrik Augsburg-Nürnberg AG – MAN – im Jahr 1921 die Fertigung landwirtschaftlicher Nutzfahrzeuge auf. Nach einer Enthaltsamkeit von über 12 Jahren – der Bau von Motorpflügen war Mitte der 20er-Jahre eingestellt worden – wurde erst wieder im Jahr 1938 mit dem schweren Radschlepper AS 250 ein sehr robustes und zufriedenstellendes Fahrzeug vorgestellt, dessen beabsichtigte Großserienfertigung durch den schon bald beginnenden Krieg nicht mehr aufgenommen werden konnte. Es dauerte bis 1949, ehe die MAN-Werke mit einer Neukonstruktion, dem mittelschweren Ackerdieselmodell AS 325, wieder hervortreten konnten. Dieses in rahmenloser Blockbauweise erstellte Fahrzeug war auch mit Allradantrieb, in dem es vorzugsweise von den Kunden geordert wurde, er-

hältlich. Der von diesem Hersteller konsequent verfolgte Vierradantrieb sollte fortan zu einem besonderen Merkmal der MAN-Schlepper werden. Unter der Baureihenbezeichnung „Ackerdiesel“ wurden auch die nachfolgenden Modelle angeboten, zu denen die Allradmaschine A 25 A aus den Jahren 1956/57 zählte. In diesem kraftvollen, besonders auf den universellen Einsatz in mittelbäuerlichen Betrieben zugeschnittenen Schlepper, arbeitete ein wassergekühlter direkt einspritzender Zweizylinder-Viertakt-Dieselmotor mit 1840 cm^3 Hubvolumen, aus dem 25 PS bei 1800 U/min erzeugt wurden. Zu dem Fünfganggetriebe von ZF mit Rückwärtsfahrstufe waren Kriechübersetzungen gegen Aufpreis erhältlich. Dieser restaurierte „Ackerdiesel“ verließ im Jahre 1956 die Werkshallen.

DIESE SEITE
Das Modell AS 325 EH hingegen war ein hinterradgetriebener Schlepper der mittleren Leistungsklasse aus dem MAN-“Ackerdiesel“-Programm und befand sich zwischen 1952 und 1954 im Verkaufsprogramm. In diesem Fahrzeug war der wassergekühlte, mit direkter Einspritzung arbeitende Vierzylinder-Viertakt-Dieselmotor des Typs D 8814 fmit 2676 cm^3 Hubraum und 25 PS Leistung installiert. Das ZF-A-15-Getriebe besaß fünf Vorwärts- und einen Rückwärtsgang für 20 km/h Höchstgeschwindigkeit. Die Palette an Zubehörteilen für diesen 1800 kg wiegenden Schlepper reichte u.a. vom hydraulischen Kraftheber über Mähwerk, Riemenscheibe, Zapfwelle, Seilwinde bis zum Allwetterverdeck. Das schöne Fahrzeug dieser Abbildung wurde 1954 gebaut.

MAN
M A N
Ackerdiesel
DN
RE 96 H

LINKS

Der schwere MAN-45-PS-Allradschlepper B 45 A mit seinem nach dem M-Mittelkugel-Brennverfahren arbeitenden Vierzylinder-Viertakt-Dieselmotor war schon eine beeindruckende Erscheinung. Dieses Modell war mit einem Siebenganggetriebe ausgerüstet. Hier ein Fahrzeug mit Allwetterdach aus dem Jahr 1957.

UNTEN

Zwischen 1957 und 1960 in der Produktion befand sich das mittelschwere MAN-Allrad-Traktormodell 4 N 1, in welches der Zweizylinder-Viertakt-M-Dieselmotor mit 1964 cm^3 Hubraum eingebaut war. Dieses Triebwerk erzeugte 30 PS bei einer Nenndrehzahl von 2000 U/min. Das fünfgängige, leicht zu schaltende ZF-A-10-Allklauengetriebe reichte für eine Maximalgeschwindigkeit von 20 km/h bei der 9-36er Hinterradbereifung. Serienmäßig waren drei Kriechgangübersetzungen in den Schlepper eingebaut. Darüber hinaus konnte auf Kundenwunsch ein bis 28,2 km/h Maximalgeschwindigkeit reichendes Schnellganggetriebe installiert werden. Dieser Traktor – die Abbildung zeigt ein Fahrzeug von 1959 – besaß 1950 kg Eigengewicht und konnte 18 t Anhängelast auf ebener Straße in Bewegung setzen.

RECHTS

Der 40-PS-Allradschlepper 4 R 2 von MAN war ein sehr leistungsfähiger, technisch ausgereifter schwerer Traktor, der bis 1960 verkauft wurde. Unter seiner Motorhaube wirkte ein wassergekühlter, nach dem M-Verfahren arbeitender Vierzylinder-Viertakt-Dieselmotor mit Direkteinspritzung. Dieses seit 1955 auch in allen Traktormotoren dieses Herstellers verwendete Kugelbrennverfahren sorgte für einen besonders weichen, ruhigen Lauf, große Motorelastizität und neben einer sehr langen Lebensdauer des Triebwerks für eine optimale Kraftstoffausnutzung. Das ZF-Getriebe verfügte über fünf Vorwärts- und einen Rückwärtsgang sowie über eine zusätzliche Kriechganggruppe mit vier Vorwärts- und einer Rückwärtsgeschwindigkeit. Ein auf Wunsch erhältliches Schnellganggetriebe sorgte für Geschwindigkeiten bis zu 28,8 km/h. Mit 2640 kg Eigengewicht war dieser Allradtraktor schon ein schwerer Brocken, der 27 t Anhängelast auf ebener Straße bewegen konnte. Dieses Fahrzeug entstand 1960.

OBEN

Zwischen 1956 und 1957 lieferbar war das MAN-Modell C 40, und zwar in der Ausführung „A“ mit Allradantrieb und „H“ mit Antrieb auf die Hinterräder. Bestückt war dieser Typ mit dem damals üblichen, Treibstoff sparenden M-Dieselmotor, der in diesem Fall über vier Zylinder, 2925 cm^3 Hubraum und 40 PS Leistung verfügte. Dieser Schlepper war auch als Straßenzugmaschine für Industrie und Transportgewerbe mit Druckluftbremsanlage, Allwetterverdeck oder geschlossenem, dreisitzigem Fahrerhaus und einem schnelleren Sechsganggetriebe zu bekommen. Für Forstarbeiten und Abschleppdienste stand eine Seilwinde bereit, für Einsätze im Baugewerbe, aber auch in der Landwirtschaft war ein Frontlader verfügbar. Das Gewicht der Straßenzugmaschine betrug je nach Ausrüstung

zwischen 2400 und 3000 kg. 20 t Anhängelast konnten ohne Probleme bewegt werden. Hier ist eine offene Zugmaschine aus dem Jahr 1957 zu bewundern.

LINKE SEITE, UNTEN LINKS

Das Spitzenmodell unter den MAN-Traktoren der Bauserie 1956/57 war der 4 S 1 mit Allrad- bzw. 2 S 1 mit Hinterradantrieb. In diesen Fahrzeugen war ein Vierzylinder-Viertakt-M-Dieselmotor mit 3474 cm³ Hubraum und 50 PS Motorleistung, die bei 1800 U/min fällig wurden, eingebaut. Es war eine schwere Arbeitsmaschine sowohl für die Land- und Forstwirtschaft als auch für das Bau- und Transportgewerbe. Das Siebenganggetriebe der Marke ZF besaß Klauenschaltung und ermöglichte Geschwindigkeiten bis zu 19,9 km/h; mit Schnellgangübersetzung hingegen bis zu 29 km/h. Als Sonderausrüstung erhältlich waren drei über einen Vorschalthebel zu betätigende Kriechgänge. Eine auf Wunsch erhältliche kupplungsunabhängige Zapfwelle gewährleistete den sicheren Betrieb aller Zapfwellengeräte. Entsprechend seiner Größe beachtlich war auch die Anhängelast von 30 t. Auf dieser Abbildung ist ein hinterradgetriebener 2 S 1 mit Wetterdach zu sehen.

LINKE SEITE, UNTEN RECHTS

Mit dem leichten Modell 2 K 3 wurde 1958 ein sehr formschöner MAN-Schlepper mit optisch überarbeiteter Motorhaube vorgestellt. Der auch häufig exportierte 2 K 3 besaß Hinterradantrieb, ein sechsgängiges Getriebe von ZF und als Antriebseinheit einen wassergekühlten Zweizylinder-Viertakt-M-Dieselmotor mit 1305 cm³ Hubraum und 18 PS Leistung. Seine Fertigung wurde bis 1962 fortgeführt; dieser hier ist von 1959.

MITTE

Ein 25-PS-Schlepper mit großer Bodenfreiheit und ausgereifter Technik war auch das 1960 erstmals erhältliche, besonders für mittelgroße Betriebe geeignete Modell 2 L 4. In diesen Schlepper gelangte ein Zweizylinder-Viertakt-M-Dieseltriebwerk mit 1850 cm³ Hubraum zum Einbau. Dieser Traktor entsprach in seinem äußeren Erscheinungsbild der neuen Baulinie und besaß ein gut abgestuftes ZF-Sechsganggetriebe mit Kriechgang, eine Differenzialsperre sowie serienmäßig eine Getriebe- und Wegezapfwelle. Dagegen waren bei dem 1350 kg schweren Modell Motorzapfwelle, hydraulischer Kraftheber, Mähwerk, Riemenscheibe und andere Zubehörteile nur gegen Mehrpreis erhältlich. Hier ein mit Motorzapfwelle bestücktes Fahrzeug von 1960.

UNTEN

Ebenfalls 1960 stellten die MAN-Werke im Rahmen ihres neuen Schlepperprogramms ein recht kräftiges, sowohl mit Allrad- als auch Hinterradantrieb erhältliches 35-PS-Modell vor. Der Dreizylinder-Viertakt-M-Diesel mit Wasserkühlung wies 1900 cm³ Hubraum auf und stellte die angegebene Leistung bei 2400 U/min zur Verfügung. In beiden Modellen arbeitete das in drei Schaltgruppen aufgeteilte ZF-A-210-Getriebe, das somit insgesamt acht Vorwärts- und vier Rückwärtsgeschwindigkeiten – von 1,1 bis maximal 28,3 km/h in der Schnellgangübersetzung – aufwies. Zum serienmäßigen Lieferumfang zählten Motorzapfwelle und hydraulischer Kraftheber mit Raddruckverstärker für die Hinterräder. Es war ein Schlepper, der auch vor schweren Zapfwellengeräten nicht zu kapitulieren brauchte. Abgebildet ist ein Hinterradfahrzeug des Typs 2 P 1 von 1962.

RECHTS

Zum letzten ab 1961 lieferbaren MAN-Schlepperprogramm, das mit seinem Baukastensystem für eine rationellere und wirtschaftlichere Fertigung sorgen sollte, gehörte auch das 28-PS-Allradmodell 4 N 2, das bis zur Aufgabe der Schlepperfertigung im Jahr 1964 im Angebot blieb. In diese Maschine war ein wassergekühlter Zweizylinder-Viertakt-M-Motor mit automatischer Kipphebelschmierung und 1670 cm³ Rauminhalt eingebaut. Das neue ZF-A-208-Leichtschalt-Gruppengetriebe ließ sich synchronähnlich betätigen und verfügte über acht Vorwärts- und vier Rückwärtsstufen. Die umschaltbare Getriebe- oder Motorzapfwelle sowie der MAN-Bosch-Kraftheber mit 1700 kg Hubkraft waren serienmäßig. Zu den gegen Aufpreis erhältlichen Sonderausstattungen zählten zwei unterschiedlich dimensionierte Frontlader, Mähwerk, Riemenscheibe, Seilwinde und Wetterdach. Das Eigengewicht betrug 1720 kg. Als 2 N 1 angeboten wurde parallel dazu auch eine Ausführung mit Hinterradantrieb. Hier ist ein Allradschlepper 4 N 2 von 1961 zu sehen.

UNTEN

Hier eine jener Plaketten, die durch die MAN-Werke nach 5000 Stunden störungsfreiem Schleppereinsatz verliehen wurden.

UNTEN

Die schwersten und kraftvollsten Modelle der neuen MAN-Baureihe waren zweifelsohne die Typen 2 R 3 mit Hinterrad- und 4 R 3 mit Allradantrieb. Besonders das Letztere kann auch noch heute sowohl optisch wie leistungsmäßig überzeugen. Die Antriebsaggregate beider Typen waren identisch; es waren wassergekühlte Vierzylinder-45-PS-M-Dieselmotoren mit 2560 cm³ Hubraum und Direkteinspritzung mit 2200 U/min Nenndrehzahl. Das ZF-A-216-Getriebe besaß acht Vorwärts- und vier Rückwärtsgänge sowie eine auf Wunsch erhältliche Schnellgangübersetzung bis maximal 27 km/h. Aufgrund ihrer sehr tiefen Schwerpunktlage waren die Schlepper sehr kippsicher und wiesen trotzdem eine beachtliche Bodenfreiheit auf. Umfangreich war wie üblich die Zusatzausrüstungsliste, die u.a. Druckluftbremsanlage, Frontlader mit 600 kg Hubkraft, Frontplaniergerät, den hydraulischen Kraftheber, Mähwerk, Riemenscheibe, Heckseilwinde für vier oder sechs t Zugkraft, Wetterdach sowie eine hydraulische Fernsteuerung enthielt. Die Allradausführung 4 R 3 – und das kann man diesem wuchtigen Boliden durchaus zutrauen – wurde auch mit schwierigsten Einsatzbedingungen bei allen Witterungs- und Bodenverhältnissen fertig. Hier ist ein derartiger, 1962 gebauter Schlepper zu sehen.

MARTIN

LINKS
Die Firma Otto Martin in Ottobeuren, eine kleine Maschinenfabrik, die sich mit Landmaschinen- und Pumpenbau beschäftigte, stellte 1937 ihren ersten, in Blockbauweise konstruierten Traktor vor. Das folgende Modell war der Bauernschlepper F 22, der äußerlich eine verblüffende Ähnlichkeit mit dem gleichnamigen „Dieselross“ von Fendt aufwies, was offenbar auf eine Kooperation mit diesem Schlepperhersteller zurückging. Als Antriebseinheit wurde der sozusagen als Standardmotor für die Mehrzahl der Traktoren der Einheitsklasse verwendete Deutz-Diesel F 2 M 414 eingebaut. Das installierte Prometheus-Getriebe mit vier Vorwärts- und dem Rückwärtsgang entsprach auch in seiner Geschwindigkeitsabstufung der des Fendt-Modells. Die Abmessungen wie Radstand, Spurweite, Bodenfreiheit, aber auch die Bereifung waren ebenfalls identisch. Serienmäßig war der Martin F 22 mit Zapfwelle, Riemenscheibe, Mähwerk und Differenzialsperre bestückt. Insgesamt war ein einfach und robust gebauter zeittypischer 22-PS-Bauernschlepper entstanden, dem es sogar gelang, Berücksichtigung im Typenbegrenzungsprogramm des Schell-Plans zu finden. Trotzdem war mit 375 produzierten Einheiten die Zahl der bis 1942 gefertigten Schlepper recht gering, was vermutlich auf die nur beschränkt vorhandenen Fertigungskapazitäten des Werkes einerseits, zum anderen wohl auch auf die Materialzuteilungen zurückzuführen war. 1949 entstand mit dem offenen Rahmenbauschlepper S 11 mit Einzylinder-Deutz-Motor ein weiterhin überwiegend handwerklich gefertigtes Produkt, das aber wenig Käufer fand. So kamen die weiteren in diese Richtung gehenden Aktivitäten der Firma Martin bereits im Oktober 1950, noch bevor das Unternehmen von dem großen Motorisierungsschub in der deutschen Landwirtschaft profitieren konnte, an ein Ende.

MIAG

OBEN

1936 begann die aus der Zusammenlegung mehrerer großer Mühlenbetriebe entstandene Firma MIAG – Mühlenbau und Industrie AG, Braunschweig – sich dem in der Aufschwungphase befindlichen Markt für Zugmaschinen und Ackerschlepper zuzuwenden. 1937 stellte das Unternehmen unter der Typenbezeichnung LD 20 einen konventionell gestalteten Ackerschlepper vor, dessen Bau bereits ein Jahr später in den zuvor erworbenen Fertigungsanlagen des Röhr-Automobilwerkes in Ober-Ramstadt bei Darmstadt fortgeführt wurde. Der Motorblock des 1750 kg schweren LD 20 war mit einer rahmenähnlichen Stützkonstruktion umgeben, die zur Aufnahme des Kühlers und der auch seitlich vollkommen geschlossenen, etwas klobig wirkende Motorhaube diente. Darunter arbeitete ein wassergekühlter Zweizylinder-Viertakt-MWM-Vorkammer-Dieselmotor mit 2120 cm^3 und 22 PS Maximalleistung. Dieses Aggregat war mit einem Viergang-ZF-Getriebe fest verblockt, wobei die Höchstgeschwindigkeit in der vierten Schaltstufe 14 km/h betrug. In dieser Gangstufe konnte der LD 20 12 t Anhängelast bewältigen. Während die Hinterachse ungefedert war, griff man vorn auf eine mit doppelten Querblattfedern abgestützte Pendelachskonstruktion zurück. Bemerkenswert bei einem Ackerschlepper war die Eindruck-Zentralschmierung, mit der alle Lager mit Fett versorgt wurden. Serienmäßig war der Schlepper mit Zapfwelle, auf Wunsch auch mit Riemenscheibe und Mähbalken erhältlich. Damals eine positive Ausnahme bei einem Ackerschlepper bildete der federnd ausgeführte und dadurch zumindest einen geringen Fahrkomfort vermittelnde mehrfach verstellbare Fahrersitz. Im Zuge des Schell-Programms musste die Produktion 1941 beendet werden – dieses vorzüglich restaurierte Fahrzeug entstand in seinem letzten Produktionsjahr.

RECHTS

Ab 1943 fertigten die MIAG-Werke unter der Typenbezeichnung LD 25 einen in Rahmenbauweise konstruierten Holzgas-Straßenschlepper. Dieser war mit dem wassergekühlten, im Lastwagenbau verwendeten 3285-cm³-Vierzylinder-Viertakt-BB-Motor von Ford als Antriebsquelle bestückt, dessen Leistung auf 25 PS gedrosselt worden war. Für den Holzgasbetrieb war ein Spezial-Zylinderkopf erforderlich. Zum Einbau gelangte ein der normalerweise üblichen Imbert-Anlage entsprechender Straßen-Holzgaserzeuger des Typs SH 40 eigener Fertigung sowie ein Schaltgetriebe mit vier Vorwärts- und einem Rückwärtsgang für 25 km/h Höchstgeschwindigkeit. Auf diesem Bild ist ein restaurierter Schlepper des Baujahrs 1943 zu sehen.

UNTEN

Da das Werk in Ober-Ramstadt von den US-amerikanischen Besatzern in Beschlag genommen war, musste die ab 1949 wieder aufgenommene Fertigung von Schleppern und Straßenzugmaschinen im Braunschweiger Stammwerk erfolgen. Mit dem Modell JD 33 erschien – neben einigen neuen Ackerschleppern – eine mit einem wassergekühlten Dreizylinder-MWM-Dieselmotor mit 2550 cm³ Hubraum bestückte Straßenzugmaschine, deren Antriebsaggregat 33 PS bei 2450 U/min hervorbringen konnte. Es war ein in Rahmenbauweise gefertigtes Fahrzeug mit geschlossenem, dreisitzigem Fahrerhaus, das genau genommen konstruktiv eher schon den Lastkraftwagen zugeschlagen werden müsste. Die Höchstgeschwindigkeit lag bei 38 km/h, die Zugleistung bei 12 t. Infolge der vermutlich aus der unrentablen Kleinserienfertigung resultierenden zu hohen Verkaufspreise, konnten sich die MIAG-Erzeugnisse am Markt nicht durchsetzen, was die Unternehmensleitung bereits 1952 veranlasste, sich aus diesem wenig profitablen Geschäftszweig zurückzuziehen.

MWM

DIESE DOPPELSEITE

Im Jahr 1923 trennten sich die Benz-Werke von ihrer in Mannheim ansässigen Motorenfabrik. Daraus gingen die Motoren-Werke Mannheim AG, vormals Benz u. Cie., Abt. Stationärmotorenbau, hervor. Diese neben Deutz älteste Motorenfabrik der Welt begann noch im gleichen Jahr mit der Fertigung von Vorkammer-Dieselmotoren, die sich aus Konkurrenzgründen zu den Benz-Werken nur auf die Verwendung in Zugmaschinen, Traktoren oder als Standmotoren beschränkten. Im darauf folgenden Jahr konnte das Unternehmen mit dem „Motorpferd" den ersten Straßenschlepper der Welt mit einem schnell laufenden Dieselmotor vorstellen. In dieses in Rahmenbauweise konstruierte

2700 kg schwere Fahrzeug gelangte der querstehend aufgesetzte, kompressorlose Zweizylinder-Viertakt-Dieselmotor des Typs RH 18 Z mit 4414 cm^3 Hubraum zum Einbau. Dieser Motor leistete 16 bis 18 PS bei 800 U/min und verfügte über eine Verdampfungskühlung, deren Wasservorrat von 250 l sich über der Vorderachse befand. Das Zahnradgetriebe besaß zwei Vorwärts- und einen Rückwärtsgang für Geschwindigkeiten von 8 und 12 km/h, wobei die Motorkraft mit einem an der linken Fahrzeugseite angeordneten Flachriemen zum Getriebe übertragen wurde. Auf der rechten Seite war ein schweres Schwungrad angebaut. Weitere bauliche Merkmale waren die Vollgummibereifung, die pendelnde Vorderachse, eine Sitzbank sowie ein Klappverdeck. Im Juni 1924 stellte das Motorpferd bei einer Versuchsfahrt seine Leistungsfähigkeit unter Beweis, als es mit einem 5-t-Anhänger über unbefestigte Wege und feuchten Untergrund Steigungen bis zu 18 % problemlos bewältigte. Der Serienbau des Motorpferdes, von dem bis Ende 1925 nicht weniger als 359 Fahrzeuge gebaut werden konnten, erfolgte aufgrund fehlender Fertigungsmöglichkeiten bei der Maschinenbaugesellschaft Karlsruhe und bei der zur MWM gehörenden Südbremse AG, München. Eines der letzten vor der Verschrottung bewahrten Exemplare wurde von einem holländischen Oldtimersammler in dreijähriger Arbeit aufwendig restauriert und stammt aus dem Baujahr 1924.

NORDTRAK

DIESE SEITE

Ein typisches Beispiel für Improvisationsfähigkeit und Tatkraft, verbunden mit dem Willen, dem Mangel an Ackerschleppern in den ersten Nachkriegsjahren schnellstmöglich abzuhelfen, stellten die ab 1947 von dem Maschinenbau-Ingenieur Georg R. Wille in Hamburg-Bergedorf montierten Traktoren dar. Bei diesen allradgetriebenen Vierradschleppern stützte er sich auf Bauteile ausrangierter US-Jeeps, die damals günstig zu erwerben waren. So verwendete er Achsen und Räder, das Sechsganggetriebe, Lenkung und verschiedene andere Komponenten, verkürzte den Rahmen und baute einen 12-PS-ILO-Zweitakt-Vergasermotor ein. Dieses durchaus funktionsfähige, mit Riemenscheibe und Zapfwelle ausgerüstete Gefährt entwickelte eine beachtliche Zugleistung und wurde unter der Markenbezeichnung „GERWI-Motor-Stier“ angeboten. Schon bald bestückte man die ab 1949 als „Diesel-Stier“ bezeichneten Fahrzeuge mit geeigneteren Einzylinder-Dieselmotoren verschiedener Fabrikate. Diese zweckmäßigen Behelfschlepper mit ihren vier gleich großen Rädern fanden ihre Abnehmer, so dass sich Wille zum Zwecke der Kapazitätserweiterung mit dem Hamburger Kaufmann Franz Westermann als Teilhaber und Kapitalgeber zusammentat. Infolge von Differenzen schied Wille aber bald aus dem Unternehmen aus, das Westermann nun unter der Firmierung „Norddeutsche Traktorenfabrik Franz Westermann“ allein weiterführte. Seit 1951 gab es drei Nordtrak-Stier-Allradschlepper unterschiedlicher Leistung, wobei das kleinste Modell, der in Halbrahmenbauweise gebaute 1530 kg schwere „Stier 18“, mit dem Hatz-B-1-S-Einzylinder-Zweitakt-Dieselmotor mit 1470 cm^3 Hubraum und 16 PS bei 1500 U/min sowie mit einem Fünfganggetriebe versehen war. Oben ist ein „Diesel-Stier“ von 1950 abgebildet; das kleinere Foto links zeigt einen „Nordtrak-Stier“ des Jahres 1951.

UNTEN

In der Folgezeit setzte das Unternehmen konsequent auf den vor allem auf schweren, nassen Böden, auf Steigungen und in der Forstwirtschaft sehr vorteilhaften Allradantrieb. Mit diesen konzeptionell zukunftsweisenden Eigenschaften besaßen die Nordtrak-Schlepper in den frühen 50er-Jahren eine gewisse Exklusivität und noch wenig Konkurrenz. Auch im Exportgeschäft konnten sich die Nordtrak-Werke als Spezialfirma für Allradtraktoren einen guten Namen machen. Bald war die Kapazitätsgrenze erneut erreicht, aber die Vielzahl der angebotenen, auch leistungsstarken, überwiegend mit luft- oder wassergekühlten MWM-Dieseltriebwerken bestückten Schlepper, die mit den ersten Behelfsmodellen nichts mehr gemeinsam hatten, ermöglichten keine rationelle und damit preisgünstige Serienfertigung. Die investierten Entwicklungs- und Produktionskosten konnten daher unmöglich wieder eingespielt werden. Mitte der fünfziger Jahre befanden sich Allradschlepper mit 24, 36 und sogar 48 PS im Verkaufsprogramm und ein Jahr später waren es in dem Betrieb mit gerade einmal 150 Mitarbeitern sogar sieben verschiedene Typen – nicht weniger als die weitaus größeren MAN-Werke auch anzubieten hatten. Die Konkursanmeldung 1956 und die endgültige Fertigungseinstellung ein Jahr später war die Folge. Auf diesem Bild wird ein 1955 gebautes Modell „Stier 241“ gezeigt, das mit dem luftgekühlten Zweizylinder-Viertakt-Dieselaggregat des Typs AKD 112 Z von MWM mit 1810 cm^3 Hubraum bestückt war, das bei 2000 U/min Nenndrehzahl 24 PS abgab. Mit Hilfe des sechsgängigen ZF-Getriebes ließ sich der 1800 kg schwere Schlepper mit bis zu 19,5 km/h bewegen.

NORMAG

DIESE DOPPELSEITE

Die in Nordhausen/Harz ansässige Nordhäuser Maschinenbau GmbH hatte Anfang der 1930er-Jahre den Bau landwirtschaftlicher Geräte und an die früheren Motorpflüge erinnernder, mittels Glühkopfmotoren angetriebener Zugmaschinen aufgenommen. Bereits kurze Zeit später, nachdem Unternehmen und Erzeugnisse unter dem einprägsamen Namen „Normag" firmierten, wurden die Modelle NG 10 und 22 angeboten. Während der NG 10 ein reiner Ackerschlepper war und auch mit dem F 2 M 414-Deutz-Motor geliefert wurde, war der NG 22 ein robuster, blockkonstruierter Dieselschlepper der Einheitsbauart, der – als Acker- und Verkehrsschlepper einsetzbar – auf Anhieb auch über die regionalen Grenzen hinaus gute Verbreitung fand.

Ausgerüstet war dieses Normag-Modell mit einem wassergekühlten 22-PS-Zweizylinder-Viertakt-Dieselmotor der Motoren-Werke Mannheim, der auch im MIAG-Schlepper LD 20 verwendet wurde. Eine Einscheiben-Trockenkupplung übertrug die Motorkraft auf das Schaltgetriebe, welches über vier Vorwärts- und eine Rückwärtsgangstufe mit 17,5 km/h Maximalgeschwindigkeit verfügte. Zu den besonderen Merkmalen des NG 22 gehörte eine frei schwingende, gefederte Pendelachse vorn, eine beweglich und gefedert ausgeführte Anhängevorrichtung mit Sicherheitsmaul und Pflugschiene sowie die breite gepolsterte Doppelsitzbank. Riemenscheibe, Zapfwelle und ein durch Keilriemen von der Zapfwelle angetriebener Mähbalken waren gegen Mehrpreis erhältlich. Hier ein einwandfrei wiederhergerichteter NG 22 eines belgischen Besitzers aus dem Jahr 1942.

DIESE SEITE

Normag-Schlepper dieser Generation gehören heute, obwohl bis 1938 immerhin beachtliche 1000 Stück verkauft werden konnten, zu den gesuchten Raritäten. Am ehesten sind diese Modelle speziell in der Umgebung des Harzes und in Thüringen zu finden, wo auch die auf dieser Seite abgebildeten, im Jahr 1938 gebauten Traktoren aufgespürt werden konnten. 1942 musste der Bau des auch im Rahmen des Schell-Planes gefertigten Schleppers zu Gunsten des mit über 2000 gefertigten Einheiten ebenfalls erfolgreichen generatorbetriebenen NG 25 eingestellt werden.

RECHTS

Nach dem Zweiten Weltkrieg hatten die Normag-Werke besonders stark unter der deutschen Teilung zu leiden. Eine erneute Produktionsaufnahme in dem in der damaligen Sowjetischen Besatzungszone gelegenen Nordhausen war nicht möglich, zumal die dortigen Fertigungsanlagen demontiert worden waren. Um den wichtigen Absatzraum in den Westzonen nicht zu verlieren, begann das Unternehmen in Zorge am Südrand des Harzes bereits 1946 mit einer bescheidenen Schlepperproduktion. Ein Jahr später wurde im Zweigwerk Hattingen/Ruhr die Entwicklung einer eigenständigen Motorenreihe in die Wege geleitet, die erstmals in dem neuen, seinerzeit in vieler Hinsicht sehr fortschrittlichen Modell NG 23 K verwendet wurde. Dieses Fahrzeug, im Übrigen das erste Modell mit einer neugestalteten runden Motorverkleidung, verhalf den Normag-Werken 1950 zu einem recht ansehnlichen siebten Platz in der deutschen Zulassungsstatistik. 1952 bestand das Verkaufsangebot aus sechs verschiedenen Typen mit Motorleistungen zwischen 10 und 45 PS. Das auch als „Faktor II“ bezeichnete Modell NG 20 B, bestückt mit einem wassergekühlten Zweizylinder-Viertakt-Dieselmotor mit 2112 cm^3 Hubraum eigener Fertigung, leistete anfangs 20, später 22 PS bei 1500 U/min und löste den NG 23 ab. Hier ein Fahrzeug aus demselben Jahr.

UNTEN
Dem allgemeinen Trend folgend, entwickelte Normag auch gebläseluftgekühlte Einzylinder-Dieselmotoren, die nach dem Zweitaktsystem und mit Direkteinspritzung arbeiteten. Diese Antriebseinheiten, die einen durch konstruktive Maßnahmen erzielten, nur geringen Ölverbrauch aufzuweisen hatten, gelangten ab 1954 in den Modellen „Kornett I“ und „Kornett II“ – leichte Traktoren mit 12 bzw. 16 PS – zur Verwendung. Der Motor des stärkeren, auch als NG 16 bezeichneten Fahrzeugs wies 1289 cm^3 Hubraum auf und gab seine Leistung von 16 PS bei 1500 U/min ab. Fünf Vorwärtsgänge bis maximal 19,8 km/h und ein Rückwärtsgang standen in dem aus eigener Fertigung stammenden Getriebe zur Verfügung. Der Geräteanbau war wahlweise mittels Schwingrahmen oder Dreipunktkupplung möglich. Darüber hinaus wurde anstelle eines druckluftbetriebenen Krafthebers zunächst die mechanische, später ölhydraulische Ausführung verwendet. Dieser NG 16 entstand 1955.

DIESE DOPPELSEITE

Neben leichten Traktoren – im Bild rechts oben das mit einem Einzylinder-Motor bestückte Modell K 13 A der Kornett-Reihe aus dem Jahr 1957 – fertigte dieses Herstellerwerk auch ausgesprochen leistungsstarke Modelle. Das Größte davon war der nur in kleinen Stückzahlen gebaute Blockbauschlepper NG 45, der im Mai 1952 erstmals vorgestellt wurde. Für seine Zeit war dies schon ein überaus kraftvolles Fahrzeug. Da ein geeignetes Antriebsaggregat aus eigener Fertigung nicht zur Verfügung stand, baute Normag den wassergekühlten, nach dem Lanova-Luftspeicherverfahren arbeitenden Vierzylinder-Viertakt-Dieselmotor des Typs 516 DF von Henschel ein. Dieses Triebwerk besaß 3180 cm^3 Rauminhalt, aus dem 45 PS Leistung bei 2000 U/min Nenndrehzahl hervorgeholt wurden. Das ZF-A-17-Getriebe des 2265 kg schweren Großschleppers hatte fünf Vorwärtsgänge bis maximal 26,1 km/h und einen Rückwärtsgang. Bereift war der NG 45 vorn mit der Größe 6-20. Die angetriebenen Hinterräder waren mit der Reifengröße 13-30 bestückt. Da die meisten der wenigen gefertigten Exemplare – abgebildet ist ein NG 45 L aus dem

Jahr 1955 – in den Export gingen, ist der Kraftprotz heute nur relativ selten anzutreffen. Auch die Normag-Werke wurden, obwohl sie grundsolide und technisch ausgereifte Schlepper anzubieten hatten, von dem allgemeinen Absatzrückgang in der zweiten Hälfte der 50er-Jahre betroffen, weshalb die Fertigungseinstellung von Schleppern zum Ende des Jahres 1957 erfolgte.

O&K / MBA

OBEN

Die 1876 in Berlin gegründeten Orenstein & Koppel-Werke, deren überaus breit gefächerte Produktion aus Eisenbahnmaterialien wie Lokomotiven, Waggons und Feldbahnen, aber auch aus Baggern, Bergbaumaschinen und andere Geräten des Transportgewerbes bestand, wuchsen schnell zu einem bedeutenden Hersteller empor. Relativ spät erst, im Rahmen der verstärkten Motorisierungsbestrebungen in der Landwirtschaft, im Jahr 1938, wurde dieses Unternehmen auch als Schlepperfabrikant aktiv, wobei die Fertigung in einem Zweigbetrieb, der Nordhäuser Maschinenfabrik Montania, aufgenommen wurde. Das besondere Merkmal des dortigen Schlepperbaus bestand darin, dass nahezu alle Bauteile in Eigenregie hergestellt wurden. Zu dem hauptsächlich gefertigten 30-PS-Schlepper kam mit dem Modell SB 751 bereits im folgenden Jahr ein leichter Bauernschlepper mit Pendelvorderachse hinzu. Er besaß einen liegend eingebauten Einzylinder-Viertakt-Wirbelkammer-Dieselmotor mit Thermosyphonkühlung und quer liegender Kurbelwelle eigener Konstruktion, der mit einem Dreiganggetriebe, das eine serienmäßige Übersetzung bis 8 km/h Höchstgeschwindigkeit zuließ, verblockt war. Aus dem Hubvolumen von 1766 cm³ wurden 15 PS Leistung bei 1300 U/min erzeugt. Über eine doppelte Rollenkette wurde die Kraft des Motors auf die Konuskupplung eigener Konstruktion und das Getriebe übertragen. Als größte Zugkraft waren 9 t zumutbar. Serienmäßig verfügte dieser Kleinschlepper – das abgebildete Fahrzeug ist von 1941 – als erstes Modell dieser Firma, das die später so markante halbrunde Motorverkleidung erhielt, über Zapfwelle und Riemenscheibe. Aus politischen Motiven (die beiden Firmengründer waren jüdischer Abstammung) wurde im Jahr 1939 die Enteignung der Inhaber und Umbenennung in „Maschinenbau- und Bahnbedarf AG“ – MBA – angeordnet, wobei mit Rücksicht auf den hohen Bekanntheitsgrad dieses auch international gut eingeführten Unternehmens der Zusatz „vormals Orenstein & Koppel“ zunächst noch erhalten blieb.

DIESE SEITE

Die Vorkriegsschlepperfertigung der Firma Orenstein & Koppel und späteren MBA stützte sich in erster Linie auf den im Jahr 1938 erstmals gebauten Typ SA 751, einen leistungsstarken, in Blockbauweise konstruierten Universaltraktor der Mittelklasse. Das von O & K gefertigte Antriebsaggregat war ein nach einem auch bei den Motoren-Werken Mannheim angewandten Verbrennungsverfahren arbeitender, wassergekühlter Zweizylinder-Viertakt-Dieselmotor des Typs 2 B stehender Bauart mit dem beachtlichen Hubvolumen von 3532 cm^3 und hatte in Kleinlokomotiven seine Bewährungsprobe u.a. bei sehr günstigen Kraftstoffverbräuchen bereits erfolgreich bestanden. Der als sehr startfreudig bekannte Motor dieses zugstarken Schleppers wurde durch eine Handkurbel angelassen und war sowohl für Feldarbeiten als auch im Transportgewerbe einsetzbar. Das Triebwerk erzeugte 30 PS bei einer Nenndrehzahl von 1300 U/min. Ein Schubradgetriebe aus eigener Fabrikation mit vier Vorwärts- und einer Rückwärtsgangstufe mit 15,8 km/h Höchstgeschwindigkeit wurde in diesen Schlepper mit 2200 kg Leergewicht installiert. Seine größte Anhängelast wird mit 24 t bei Höchstgeschwindigkeit angegeben. Riemenscheibe und Zapfwelle waren gegen Aufpreis erhältlich. Oben ist ein 1939 noch unter dem O & K-Signet gefertigtes Fahrzeug; unten ein solches von 1941 mit MBA-Zeichen zu sehen.

DIESE SEITE

Die werblichen Eigenschaften „quadratisch, praktisch, gut“ eines bekannten Schokoladenherstellers trafen uneingeschränkt auch auf die O & K-30-PS-Schlepper zu, denn deren besonderes Kennzeichen war die kantige und einfache Bauform, wobei Verkleidungsbleche und Kotflügel aus massivem Stahlblech von beachtlicher Stärke bestanden. Auch hierbei kommt die bei allen Schleppern dieses Herstellers überaus robuste und sehr kräftige Durchbildung und Dimensionierung aller Bauteile zum Ausdruck. Obwohl sich diese positiven Eigenschaften herumsprachen, hatte es O & K als Newcomer auf dem Markt, ganz im Gegensatz zu solch eingeführten Unternehmen wie Lanz und Deutz, vergleichsweise schwer. Diese Aufnahmen zeigen einen 1938 gefertigten 30-PS-Dieselschlepper in Verkehrsausführung mit Windschutzscheibe und Dach.

RECHTE SEITE

Gegenüber werden zwei weitere Vertreter dieses sehr markanten, heute recht seltenen Schleppers gezeigt, die auch nach den ab 1940 in Deutschland vorgenommenen Typenbeschränkungen im Fahrzeugbau zunächst weitergebaut werden durften. Oben ist ein 1940 unter der Fabrikationsnummer 857 gebauter und bereits unter MBA firmierender Ackerschlepper zu sehen. Unten wird ein MBA-Schlepper mit einer offenbar in Eigenleistung des Besitzers erfolgten Dachkonstruktion aus dem Jahr 1942 gezeigt. Schon bald darauf passte man die Motorhaube durch ihre rundliche Formgebung (siehe Seite 4 dieses Buches) dem Erscheinungsbild des kleineren Bauernschlep-

pers an. Im darauf folgenden Jahr musste auch die Fabrikation der Zweizylinder-MBA-Schlepper im Zuge der beginnenden Holzgas-Ära eingestellt werden.

O&K
DIESEL

O&K
DIESEL

LINKE SEITE
Ähnlich wie bei Normag brachten Besetzung und anschließende Demontage der Werksanlagen durch die Sowjets den Traktorenbau bei MBA nach Kriegsende zum Erliegen. In den Werksanlagen in Dortmund-Dorstfeld entstanden in dem nun wieder unter Orenstein & Koppel firmierenden Unternehmen ab 1950 zunächst auf den bewährten Vorkriegsmodellen basierende weiterentwickelte Typen mit 18 und 36 PS, die sich durch ihre verrundete Form von Motorhaube und Kühlerverkleidung optisch sehr positiv hervorhoben. Das kleinere Modell, der Blockbauschlepper T 18 A, besaß den wassergekühlten Einzylinder-Viertakt-Wirbelkammer-Dieselmotor 16 V 1 aus eigener Fertigung mit 1622 cm^3 Hubraum und 18 PS Leistung bei 1500 U/min. Ein ZF-Getriebe mit fünf Vorwärts- und einem Rückwärtsgang wurde in diesem Schlepper mit seiner sehr kurzen Bauweise verwendet. Die Höchstgeschwindigkeit betrug 19,65 km/h und das Gewicht wurde mit 1420 kg angegeben. Riemenscheibe, Zapfwelle, Mähwerk und Kraftheber – dieser entweder hydraulisch oder mechanisch – sowie Anhängschiene und Anhängerkupplung gab es auf Wunsch gegen Aufpreis. Dieser restaurierte T 18 entstand 1952.

OBEN
Obwohl das Unternehmen im Jahr 1953 insgesamt fünf zwischen 18 und 75 PS angesiedelte, mit eigenen Dieselmotoren ausgerüstete Scheppermodelle für alle Zielgruppen in der Landwirtschaft bereithielt, kamen keine nennenswerten Verkaufserfolge zustande. Diese waren aber für eine sich wirtschaftlich lohnende Produktion unerlässlich. Ein sehr interessantes Fahrzeug war zweifelsohne der in Halbrahmenbauweise konstruierte 75-PS-Radschlepper S 75 A, der über lange Jahre der stärkste angebotene Schlepper auf dem deutschen Markt bleiben sollte. Es ist sehr fraglich, ob eine derartige Rarität bis heute überlebt hat. 1954 erfolgte die Einstellung der Ackerschlepperfertigung zugunsten anderer Produktionszweige. Den Abschluss des O & K-Kapitels dieses Buches soll nochmals ein schön restaurierter T 18 A aus dem Jahr 1950 bilden.

PORSCHE

OBEN

Erst Anfang 1956 wurde die Porsche-Diesel-Motorenbau GmbH in Friedrichshafen-Manzell – es waren die Werksanlagen der Allgaier-Werke – von der Mannesmann AG gegründet. Allgaier hatte diese Anlagen zusammen mit dem kompletten, bestens eingeführten Typenprogramm – das waren die im Baukastensystem und Leichtbauweise konstruierten luftgekühlten, bis zu 44 PS starken Porsche-Schleppermodelle in ihrer charakteristisch schnittigen Formgebung – an das neue Unternehmen verkauft, weil er zu notwendig gewordenen Kapazitätserweiterungen nicht bereit war. In Friedrichshafen wurden die bisherigen Typen zunächst nahezu unverändert weitergebaut. Wurden die Fahrzeuge bisher unter der Bezeichnung „Allgaier-Porsche" oder „Allgaier System Porsche" angeboten, so zierte ab sofort der Schriftzug „Porsche-Diesel" die Motorhauben der unter neuer Regie gebauten Fahrzeuge. Das früher unter der Allgaier-Typenbezeichnung A 133 angebotene Modell P 133 war leistungsmäßig ein mittelschwerer Schlepper in der oberen Leistungsklasse. Dieser Typ besaß ein gebläseluftgekühltes Dreizylinder-Porsche-Dieselaggregat mit 2467 cm^3 Hubvolumen, aus dem 33 PS bei 2000 U/min erzeugt wurden. Ein Fünfganggetriebe bis maximal 20 km/h mit Rückwärtsfahrstufe und auf Wunsch erhältlichem Kriechgang stand im P 133 zur Verfügung. Verstellbare Spurweite, Riemenscheibe, Motor- und Getriebezapfwelle, Dreipunktgeräteaufhängung und die stufenweise Gewichtserhöhung gehörten zu den entweder serienmäßig oder gegen Mehrpreis erhältlichen Ausrüstungsmerkmalen dieses Schleppers. Hier ein Fahrzeug von 1956.

DIESE SEITE

Mit einem auf drei Grundmodelle gestrafften Typenangebot, nun „Junior“, „Standard“ und „Super“ genannt, hatte das Unternehmen Ende der 50er-Jahre ein breit gefächertes Programm für alle Zielgruppen in der Landwirtschaft geschaffen. Seit der Übernahme der Allgaier-Werke waren neue und großzügige Fertigungsanlagen für den Großserienbau geradezu aus dem Boden gestampft worden, wie es in dieser Branche bisher ohne Beispiel war. Der Porsche Standard entstand aus dem 22-PS-Modell P 122 und war mit 25 PS ein leistungsstarker Universalschlepper, der mit einem aus der bewährten Baukastenreihe stammenden luftgekühlten Zweizylinder-Viertakt-Dieselmotor mit 1644 cm^3 Hubraum und mit einem Fünfganggetriebe ausgerüstet war. Neben den vielen üblichen Zusatzausrüstungen war der Standard gewichtsvariabel einsetzbar und konnte mit einem Frontlader bestückt werden. Auf dieser Seite wird ein restauriertes, 1959 gebautes Modell Standard V vorgestellt.

OBEN

Der kleinste Traktor von Porsche war das ab 1957 erhältliche Modell „Junior", ein Tragschlepper, der von einem luftgekühlten Einzylinder-Viertakt-Dieselmotor mit 822 cm^3 Hubraum angetrieben wurde. Seine Höchstleistung betrug 14, in seiner letzten Ausführung ab 1960 sogar 15 PS bei 2250 U/min Nenndrehzahl, wobei das Eigengewicht 875 kg betrug. Das mit dem Motor verblockte Getriebe der Zahnradfabrik Friedrichshafen mit sechs Vorwärts- und zwei Rückwärtsstufen, ließ Geschwindigkeiten von 1,8 bis 19,9 km/h zu. Er besaß einen Kraftheber mit 950 kg Hubkraft mit Drei- oder Vierpunktgestänge, sowie Zapfwelle, Riemenscheibe und weiteres Zubehör wie auch die Möglichkeit des Zwischenachsanbaus von Geräten. Dadurch wurde der „Junior" vor allem für Kleinbetriebe oder als Zweitschlepper zu einem kraftvollen und zuverlässigen Helfer. Abgebildet ist ein Porsche „Junior" mit Allwetterverdeck von 1960.

RECHTS

Das nächstgrößere Modell in der Porsche-Schlepperhierarchie der ausgehenden 50er-Jahre war der Porsche Super, eine leistungsstarke Dreizylinder-38-PS-Maschine, die für nahezu alle auch in einem größeren Betrieb anfallenden Arbeiten – vom Tiefpflügen mit einem Dreischarpflug bis zu Saat- und Pflegearbeiten – vollauf geeignet war. Die hohe Leistung der Zapfwelle versetzte ihn in die Lage, auch mit schweren zapfwellenbetriebenen Maschinen wie Mähdreschern, Feldhäckslern oder Hackfrucht-Vollerntemaschinen fertig zu werden. Zusatzgewichte, mit denen der Schlepper bestückt werden konnte, erhöhten seine Zugleistung. Er war weitgehend auf Einmannbedienung zugeschnitten, besaß einen Kraftheber mit Dreipunktgestänge sowie eine Motorzapf-

welle und war durch die ölhydraulische Kupplung mit dem sogenannten „Hydrostop“ ausrüstbar – eine Einrichtung, die Anhalten, Anfahren und Steuern auch außerhalb des Schleppers zuließ. Auf Wunsch konnte das Fünfganggetriebe mit einer Kriechgeschwindigkeit ausgerüstet werden. Auf dem Bild ein Fahrzeug von 1959.

OBEN
Im Jahr 1960 erschien mit dem Porsche „Master“ der stärkste Schlepper im Porsche-Programm. Ausgerüstet mit einem gebläseluftgekühlten Vierzylinder-Viertakt-Reihen-Dieselmotor mit 3289 cm^3 Hubvolumen und einer Leistung von 50 PS bei 2000 U/min war der „Master“ zu seiner Zeit schon ein beachtlich kraftvoller Schlepper der oberen Klasse. Das Zahnradwechselgetriebe von ZF wies insgesamt zwölf in drei Schaltgruppen unterteilte Gangstufen auf, wobei auf Wunsch eine Schnellgangübersetzung für 26 km/h Höchstgeschwindigkeit sorgte. Mit einem zulässigen Gesamtgewicht von 3950 kg verfügte der „Master“ über eine nicht unerhebliche Zugkraft. Das erhältliche Zubehör war ebenfalls sehr reichhaltig und ließ für den Landwirt kaum Wünsche offen. Das Foto oben zeigt ein 1960 gebautes Fahrzeug mit Doppelbereifung hinten und angebautem Frontlader. Das Ende des Porsche-Schlepperbaus kam schneller als erwartet. Das Unternehmen mit seinem für große Stückzahlen konzipierten Fabrikationsanlagen wurde von der starken Rezession auf dem Schleppermarkt geradezu überrollt. Der Markt war gesättigt, der Absatz stockte und es bildeten sich riesige Halden unverkaufter roter Traktoren. Nachdem man 1961 noch fast 16.500 Traktoren verkaufen konnte, lag die Zahl im folgenden Jahr um exakt 10.000 Einheiten niedriger. Nach weiterhin rückläufigen Verkäufen wurde der Traktorenbau 1964 ganz eingestellt.

PRIMUS

OBEN

Die in Berlin-Lichtenberg ansässige Primus-Traktoren-Gesellschaft mbH Johannes Köhler, seit ihrer Gründung im Jahr 1932 mit dem Bau kleiner, zum Teil elektrisch betriebener Straßenschlepper befasst, stellte 1938 das Modell P 22 als Ackerschlepper der Einheitsbauart vor. Bei dieser Konstruktion verwendete Köhler das bewährte 22-PS-Deutz-Triebwerk F 2 M 414, das mit einem unter Mitwirkung des Oberingenieurs Köhler entstandenen Prometheus-Getriebe mit vier Vorwärts- und einer Rückwärtsstufe verblockt war. Der P 22 war mit seiner runden Kühlerverkleidung und Motorhaube ein sehr formschöner, mit 16 t zumutbarer Anhängelast aber auch verhältnismäßig zugstarker Schlepper. Seine Vorderachse war als stabile, verschleißarme Rohrkonstruktion mit wasser- und staubdicht gekapselter Lenkzapfenlagerung ausgebildet. Die auf Wunsch erhältliche Ausrüstung mit Differenzialsperre, Riemenscheibe, Zapfwelle und Mähwerk war für diesen fortschrittlich konzipierten, auch im Rahmen des Schell-Planes weitergebauten Traktors selbstverständlich. Noch während des Krieges erfolgte die Verlagerung der Fertigungsstätte nach Miesbach in Oberbayern, wo bereits ab 1946 der bis auf den nun verwendeten 22-PS-MWM-Motor und das ZF-Getriebe nahezu unveränderte P 22 bis 1949 weitergebaut werden konnte. Angeblich sollen vom P 22 852 Einheiten gebaut worden sein, von denen hier ein Exemplar aus dem Jahr 1949 zu sehen ist. Die Primus-Werke brachten im Laufe der fünfziger Jahre noch eine ganze Reihe interessanter Konstruktionen hervor. Da aber kein entsprechender Absatz zu verzeichnen war, wurde die Traktorenherstellung zu Beginn der 60er-Jahre eingestellt.

Ritscher

UNTEN

Die Hamburger Karl Ritscher GmbH – das Unternehmen lässt sich bis ins Jahr 1872 zurückverfolgen – begann nach dem Ersten Weltkrieg Raupenschlepper und Traktoren zu bauen, deren zum Teil dreirädrige Bauweise sich als ein besonderes Merkmal dieses Herstellers erwies. Nach dem letzten Krieg dauerte es bis 1949, ehe in Sprötze im Kreis Harburg mit einer halbwegs geordneten Traktorenfertigung erneut begonnen werden konnte. Zunächst war es ein im Detail verbesserter, ansonsten der Vorkriegsproduktion entsprechender Dreiradschlepper, aus dem eine Vierradversion abgeleitet wurde. Noch im gleichen Jahr stellten die Ritscher-Werke eine aus mehreren Typen bestehende völlig neue Schleppergeneration vor. Dazu gehörte auch das meistgebaute Ritscher-Modell 525, das ab 1951 durch den nahezu baugleichen Typ 528 abgelöst wurde. Dieser besaß den wassergekühlten Zweizylinder-Viertakt-Vorkammer-Dieselmotor des Typs KDW 415 Z von MWM mit 2356 cm^3 Hubraum und anfangs 25 PS – in dem bis 1959 gebauten Typ 528 leistete das nun mit dem Wirbelkammer-Einspritzverfahren arbeitende Triebwerk 28 PS – sowie ein Getriebe eigener Fertigung mit fünf Vorwärts- und einem Rückwärtsgang, das bis zu 20 km/h Höchstgeschwindigkeit erlaubte. Es war ein starker und robuster, besonders im norddeutschen Raum recht verbreiteter Schlepper mit Zapfwelle, Riemenscheibe, Differenzialsperre, Einzelrad-Lenkbremsen, verstellbarer Spurweite und pendelnd aufgehängter gekröpfter Vorderachse, die dem Fahrzeug eine beachtliche Bodenfreiheit verlieh. Mähwerk, Seilwinde und ein festes, von der Firma Piotrowski bezogenes Verdeck mit guter Rundumsicht – hier ein derartiges Fahrzeug von 1951 – gehörten zu den Sonderausstattungen.

OBEN

Als Neuheit und zwecks Abrundung des Verkaufsprogramms wurde im Jahr 1953 das Ritscher-Kleinschlepper-Modell 412 mit 12 PS Motorleistung vorgestellt, das zunächst mit dem wassergekühlten Einzylinder-Viertakt-Wirbelkammer-Dieselmotor KD 12 E von MWM mit 851 cm^3 Hubraum ausgerüstet war, welches man mit einem Schubrad-Vierganggetriebe des Fabrikats Bautz, Saulgau, fest verblockt hatte. Später gelangte das bis auf die Luftkühlung nahezu identische AKD-12-E-Aggregat zum Einbau. Die vier möglichen Vorwärtsgeschwindigkeiten des 960 kg schweren Ritscher 412 erstreckten sich von 4,4 bis 18,3 km/h. Die Fertigung des Schleppers lief allerdings schon nach kurzer Zeit aus; oben abgebildet ist ein Fahrzeug des Jahres 1953.

RECHTS

Das mittelschwere Ritscher-Modell 524 wurde zwischen 1953 und 1959 in nahezu 500 Einheiten sowohl in luft- als auch in wassergekühlter Motorausführung produziert. In beiden Fällen verwendete man zweizylindrige MWM-Triebwerke, wobei die wassergekühlte Version nach dem Wirbelkammerverfahren, das luftgekühlte Aggregat hingegen direkt einspritzend arbeitete. In diesen Blockbauschlepper mit 1560 kg Eigengewicht gelangte ein Ritscher-Fünfganggetriebe mit zusätzlichem Kriechgang zum Einsatz, das auch in einer Schnellgangausführung bis 25,7 km/h Höchstgeschwindigkeit erhältlich war. Die wassergekühlte Ausführung – hier ein Fahrzeug von 1955 – war mit dem Motortyp KD 12 Z mit 1701 cm^3 Hubraum bestückt, der 24 PS bei 2000 U/min hervorbringen konnte. Zum serienmäßigen Lieferumfang gehörten Differenzialsperre, Zapfwelle, Riemenscheibe, Sitzkotflügel und Spurweitenverstellung

OBEN

Der von 1951 bis 1959 angebotene 28-PS-Ritscher-Schlepper 528 war der am längsten produzierte und mit etwa 2000 gefertigten Exemplaren gleichzeitig erfolgreichste Traktor des Verkaufsprogramms dieses Herstellers. In dieses robuste und zuverlässige Fahrzeug mit 1590 kg Leergewicht gelangte neben zwei von Fremdfirmen bezogenen Fabrikaten eine eigenkonstruierte ölhydraulische Hebeanlage zum Einbau, mit der eine umfangreiche Palette lieferbarer Anbaugeräte verwendet werden konnte. Das Bild zeigt einen 528 aus dem Jahr 1952.

RECHTS

Der seit 1954 angebotene Ritscher-Multitruc war eine eigenständige Entwicklung der Ritscher-Werke und war für Einsatzbereiche vorgesehen, in denen die Verwendung eines konventionellen Schleppers nicht sinnvoll war. Zunächst besaßen die als 512 G bezeichneten Fahrzeuge Einzylinder-12-PS-Dieseltriebwerke mit Luftkühlung von MWM; von 1955 bis zum Fertigungsende im Jahr 1959 – gezeigt wird ein Fahrzeug dieses Baujahrs – hingegen verwendete man im Typ 517 G den Zweizylinder-Viertakt-Wälzkammer-Dieselmotor des Güldner-Modells 2 LD mit gleicher Kühlungsart, aus dessen Hubraum von 1305 cm^3 17 PS bei 2000 U/min produziert wurden. Das in zwei Schaltgruppen aufgeteilte ZF-Getriebe besaß jeweils fünf Vorwärts- und einen Rückwärtsgang für maximal 20,2 km/h. Dieser universell einsetzbare Zweiholm-Geräteträger war mit unterschiedlich angeordneten Zapfwellen und hydraulischem Kraftheber bestückt, außerdem konnte die Spurweite zwischen 1250 und 2000 mm sowie der Radstand zwischen 1680 und 2500 mm variiert werden. Die Ladepritsche war hydraulisch kippbar. Mit dem Verkauf des Unternehmens im Jahr 1961 endete gleichzeitig der Traktorenbau bei Ritscher.

Röhr

OBEN

Die 1948 in Passau gegründete und ab 1949 in Landshut ansässige Maschinenfabrik Erich Röhr GmbH gehörte zu den zahlreichen kleinen, eher regional bedeutenden Herstellern der Branche, die in der Nachkriegszeit sogenannte Konfektionsschlepper herstellten. Zunächst wurde mit einem in Handarbeit gefertigten 22-PS-Standardschlepper mit Motoren von Hatz oder MWM die Produktion begonnen, dem mit dem Bauernschlepper R 15 bereits kurze Zeit später ein kleinerer Bruder zur Seite gestellt wurde. Dieses anfänglich mit dem wassergekühlten Einzylinder-MWM-KDW-215-E-Viertakt-Dieseltriebwerk mit 1178 cm^3 Hubraum bestückte 15-PS-Fahrzeug fand bei den bayerischen Landwirten guten Anklang. Der Motor – später wurde das leistungsmäßig identische KDW-415-E-Aggregat des gleichen Herstellers verwendet – war mit einem Hurth-Getriebe mit fünf Vorwärts- und einem Rückwärtsgang verblockt. Differenzialsperre, Einzelradbremsen und Lichtanlage gehörten zur Serienausrüstung. Dieser in den üblichen Röhr-Farben mittelblau mit roten Felgen hervorragend restaurierte Schlepper mit 415-E-Motor entstand 1952.

DIESE SEITE

Zu Beginn der 50er-Jahre bemühten sich die Landshuter Röhr-Werke zum Einen um eine Verbreiterung ihrer Angebotspalette, zum Anderen versuchte man aber auch, den Status des regionalen Anbieters zu verlassen. Zu diesem Zweck stellte das Unternehmen auf der Frankfurter DLG-Ausstellung von 1950 immerhin vier verschiedene Typen mit Motorleistungen von 15, 18, 25 und 36 PS aus. In diesem Jahr belegte es mit beachtlichen 479 neu zugelassenen Fahrzeugen einen 14. Platz in der Zulassungsstatistik, das entsprach einem Marktanteil von 1,2 %. Mit dem im Jahr 1954 vorgestellten Kleinschlepper R 12 wurden besonders die vielen bäuerlichen Familienbetriebe angesprochen. Selbstverständlich konnte der R 12 auch als Hack- und Pflegeschlepper in größeren Betrieben eingesetzt werden. Dieses handliche und gut durchkonstruierte Fahrzeug mit Pendelvorderachse – oben ein Exemplar von 1954 – gab es in einer luft- oder wassergekühlten Ausführung; in beiden Fällen wurden 12 PS starke Einzylinder-Viertakt-Dieselmotoren von MWM sowie ein Fünfganggetriebe von Hurth verwendet. Den unten abgebildeten, zur gleichen Zeit herausgekommenen 17-PS-Schlepper Röhr R 17 gab es hingegen nur in einer wassergekühlten Version mit einem Zweizylinder-Viertakt-Dieseltriebwerk mit 1250 cm³ Hubraum der Motoren-Werke Mannheim.

OBEN

Mit dem Modell R 20 hatte Röhr in der wichtigen Mittelklasse ab 1953 ein interessantes Fahrzeug parat. In dem R 20 R bzw. den mit Allzweck-Bereifung bestückten Typ 20 RH war ein wassergekühltes 20 PS starkes Zweizylinder-Viertakt-Dieseltriebwerk des Typs 515 DE von Henschel mit 1590 cm³ Hubraum installiert, das mit dem Hurth-G-76-Getriebe mit fünf Vorwärtsgängen und einem Rückwärtsgang verblockt war. Der Schlepper besaß 400 mm Bodenfreiheit und wog 1380 kg. Hier ein Fahrzeug von 1953.

UNTEN

Mit dem 1953/54 vorgestellten, insgesamt sieben Schleppergrößen zwischen 12 und 60 PS umfassenden neuen Typenprogramm, versuchten die Röhr-Werke letztmalig, doch noch zu einem geschäftlichen Durchbruch mit besseren Zulassungszahlen zu kommen. Denn mit Jahresproduktionen von höchstens 600 Stück war nicht viel Staat zu machen und vor allem keine konkurrenzfähigen Verkaufspreise zu erzielen. Das stärkste Modell dieser Reihe, das Modell 60 R „Titan“, war mit seiner Bauhöhe von über zwei Metern von wahrhaft titanischen Ausmaßen und sollte nach Aussage des Herstellers überall dort eingesetzt werden, wo besonders hohe Ansprüche und Leistungen verlangt wurden. Das war vor allem in der Forstwirtschaft und in Exportländern der Fall. In ihm gelangte der volumenstarke wassergekühlte Zweizylinder-Viertakt-Dieselmotor des Typs RHS 18 Z von MWM mit 5540 cm³ Hubraum und 60 PS bei 2200 U/min zur Verwendung, der mit einem ZF-Getriebe mit fünf Vorwärts-, zwei Kriechgängen und einem Rückwärtsgang zu einem Block vereint war. Weitere Konstruktionsmerkmale dieses für seine Zeit riesigen, 3300 kg schweren Monstrums waren Einzelradlenkbremsen, Doppel-Querfeder-Vorderachse, sowie Riemenscheibe und Zapfwelle. Die Anhängelast betrug bei Höchstgeschwindigkeit von 22,38 km/h mehr als 30 t. Wohl nur ganz wenige dieser Riesen sind je gebaut worden – dieses Fahrzeug von 1954 hat überlebt. Nachdem auch die neuen Schlepper nur wenige Käufer auf sich ziehen konnten, wurde der Traktorenbau bei Röhr im Jahr 1955 gänzlich eingestellt.

Ruhrstahl

UNTEN

Der von der Ruhrstahl AG, Annener Gussstahlwerk in Witten, auf der DLG-Ausstellung 1951 in Hamburg erstmals vorgestellte Ruhrstahl-Geräteträger war neben dem gleichzeitig angebotenen Alldog der Mannheimer Lanz-Werke das erste derartige Fahrzeug auf dem westdeutschen Markt. Konstruktiv unterschied sich dieser Geräteträger, bei dem zwei gekröpfte Profilstahlholme die darunter hängend angebrachten Geräte trugen, von allen späteren Ausführungen der Mitbewerber ganz wesentlich. Es war eine überaus vielseitig verwendbare Allzweckmaschine für die Landwirtschaft, sowie Zugmaschine und Geräteträger, die Gespannarbeit überflüssig machte und Ernte- und Feldbestellarbeiten im Einmannbetrieb ermöglichte. Mit Hilfe der vorhandenen Hydraulikanschlüsse konnten die Arbeitsgeräte vor und hinter der Vorderachse, unter der Maschine und am Fahrzeugheck angebracht werden, wobei der Fahrer eine hervorragende Übersicht behielt. Darüber hinaus gab es Mähwerk, Wittenburg-Frontlader, eine Ladeplattform für 1,5 t Zuladung sowie eine Vielzahl von Anbaugeräten, die von der Landmaschinenindustrie speziell für diese Maschine entwickelt worden waren. Zum Antrieb diente der wassergekühlte Zweizylinder-Henschel-Dieselmotor 515 DE, der uns bereits bei den Röhr-Schleppern begegnet ist. Mit seinen 22 PS Leistung war dieser Geräteträger zudem auch ausreichend motorisiert. Das in Eigenbau gefertigte Getriebe besaß jeweils vier Vorwärts- und Rückwärtsfahrstufen. Der sehr eigenwillige Aufbau dieser Arbeitsmaschine verbunden mit dem unmittelbar hinter dem Fahrersitz positionierten Motor trugen zu seinem gewöhnungsbedürftigen äußeren Erscheinungsbild bei. Leider war der Produktionsaufwand für diese technisch sehr hochwertige und aufwendige Maschine – das abgebildete Fahrzeug ist von 1952 – sehr hoch, was der Kunde infolge einer viel zu kleinen Serie mit 19.000 DM bezahlen musste. Solche Beträge konnten damals allenfalls von größeren Landwirtschaftbetrieben aufgebracht werden. Daher blieb es bei einer Kleinserie, die 1957 schließlich aufgegeben wurde.

Schlüter

OBEN

Die 1898 gegründete und mit dem Bau von Antriebsaggregaten unterschiedlicher Funktionsweisen und Größen befasste Motorenfabrik Anton Schlüter erwarb 1911 eine Produktionsstätte in Freising bei München. Mit einem 14-PS-Traktor stieg das Unternehmen 1937, primär als Motorenhersteller zunächst mit der Zielsetzung, den Absatz der eigenen Triebwerke auf andere Verbreitungsgebiete auszudehnen, auch in diese Branche ein und noch vor Kriegsausbruch wurden mehrere Typen – das stärkste Fahrzeug war ein großes, auch als Straßenschlepper verwendbares 50-PS-Modell – vorgestellt. Der Schell-Plan sah die Einstellung der Schlepperfertigung vor, die aber trotzdem in kleinen Stückzahlen bis Mitte des Krieges aufrecht erhalten werden konnte. Ab 1942 wurde der in kräftiger Rahmenbauweise ausgeführte Holzgasschlepper GZA 25 gebaut. Der Zweizylinder-Viertakt-Gasmotor aus eigener Fertigung verfügte über 3954 cm^3 Hubvolumen aus dem 25/28 PS bei 1500 U/min erzeugt wurden. Ein Prometheus- oder ZF-Vierganggetriebe mit Rückwärtsstufe sorgte in diesem 2550 kg schweren Traktor für maximal 17,6 km/h Höchstgeschwindigkeit. Als Gaserzeuger, der vor der Vorderachse des Schleppers angebracht war und daher Radstand und Wendigkeit nicht beeinträchtigte, war sowohl der Einheitsgenerator als auch eine Imbert-Anlage verwendbar. Bei Höchstgeschwindigkeit konnte dieser Holzgasschlepper 8 t Anhängelast ziehen. Etwa 700 Exemplare dieses Typs sollen bis in die erste Nachkriegszeit gefertigt worden sein. Auf diesem Foto ist ein 1943 gebautes Fahrzeug mit Imbert-Gaserzeuger abgebildet.

DIESE SEITE

Bereits 1945 konnte sich Schlüter in den unzerstört gebliebenen Freisinger Werksanlagen wieder der Traktorenherstellung widmen und stellte drei Jahre später das aus dem Vorkriegstyp DZM 25 abgeleitete Modell DS 25 vor, dem 1949 der Diesel-Kleinschlepper DS 15 folgte. Dieses konventionelle Blockrahmenmodell war auf die Zielgruppe der vielen noch nicht motorisierten Kleinlandwirte ausgerichtet. Als Antriebsquelle diente das wassergekühlte Einzylinder-Viertakt-Dieseltriebwerk ASM 15 A von Schlüter, das über den verhältnismäßig großen Hubraum von 1508 cm^3 verfügte und 15 PS als Höchstleistung bei 1500 U/min mobilisieren konnte. Dieses neu entwickelte Triebwerk verfügte über ein patentiertes Verbrennungsverfahren, das beim Starten des Motors einen Direkteinspritzeffekt, im Betrieb aber die Eigenschaften einer Wirbelkammer zeigte. Der mit einem Fünfganggetriebe mit zusätzlicher Kriechgeschwindigkeit von Hurth oder ZF ausgerüstete, bis zu 18,6 km/h schnelle Bauernschlepper – im Bild rechts ein DS 15 von 1950 – war ein sehr solides Fahrzeug, das bei den Bauern einen guten Anklang fand und zweifelsohne mit dazu beitrug, dem Unternehmen im Jahr 1950 zu einem ansehnlichen zehnten Platz in der deutschen Zulassungsstatistik zu verhelfen. Ab 1953 wurde die Typenbezeichnung des nahezu unverändert weitergebauten Schleppers in DS 15 geändert. Davon entstanden bis 1956 rund 3300 Einheiten – unten ein Fahrzeug von 1955.

LINKS OBEN

Seit Mai 1948 wurde als erste Neuvorstellung nach dem Krieg der Dieselschlepper DS 25 gefertigt – ein rahmenloser Blockbauschlepper von massiver Bauweise, der einen neuen, der eigenen Konstruktion entstammenden Motor erhalten hatte. Dieses wassergekühlte, stehend angeordnete Zweizylinder-Viertakt-Dieseltriebwerk mit beachtlichen 3114 cm^3 Hubraum – großvolumige Motoren waren schon immer ein besonderes Merkmal der Schlüter-Konstruktionen – brachte eine Dauerleistung von 25 PS, als Höchstleistung sogar 28 Pferdestärken zuwege. Der Motor war infolge seines besonderen Brennverfahrens sehr startfreudig und sparsam. Das Getriebe besaß sieben Vorwärts- und zwei Rückwärtsgänge mit bis zu 30 km/h Höchstgeschwindigkeit in der Schnellgangausführung, die Vorderachse war pendelnd mit Blattfederung ausgelegt und eine elektrische 12-Volt-Anlage war serienmäßig eingebaut. Durch Kotflügel, Trittbretter und Motorverkleidung vermittelte der als Zugmaschine für Acker und Straße verwendbare DS 25 ein „automobilähnliches" Aussehen. Dieser Schlepper mit seinen 1990 kg Eigengewicht konnte 15 t Anhängelast bewältigen. Er war mit Riemenscheibe, Zapfwelle, Mähwerk, hydraulischem Kraftheber, Druckluftbremsanlage, Verdeck oder geschlossenem Fahrerhaus und für Einsätze in der Forstwirtschaft mit einer Schlüter-Seilwinde – hier ein solches Fahrzeug von 1949 – ausrüstbar.

OBEN

Die Schlüter-Motorenwerke waren zu Beginn der 50er-Jahre darauf bedacht, mit einem möglichst umfassenden Traktorenprogramm, das bereits 1953 realisiert werden konnte und aus fünf verschiedenen Typen zwischen 15 und 45 PS aller gängigen Leistungsklassen bestand, ihre Marktposition zu festigen. Obwohl Schlüter mit diesem Angebot auch Großbetriebe im Visier hatte, bestand der Hauptabsatz nach wie vor aus Modellen der unteren Leistungsklasse bis 22 PS. Das Nachfolgemodell des DS 25 war der ab 1954 produzierte AS 30, ein mit 2100 kg Eigengewicht wiederum sehr kräftiger 30-PS-Dieselschlepper, der mit dem wassergekühlten Zweizylinder-Viertakt-Dieselmotor ASM 30 von Schlüter bestückt war. In diesem Blockbautraktor standen unterschiedliche Getriebe, wahlweise mit fünf oder sieben Vorwärtsgängen und zusätzlichem Kriechgang auf Wunsch zur Verfügung. Der mit zusätzlicher Schnellgangübersetzung ausgerüstete Schlepper erreichte beachtliche 31,2 km/h Höchstgeschwindigkeit. Auch in diesem Fall waren Zubehör- und Ausrüstungsmöglichkeiten reichhaltig. Dieses Bild zeigt einen AS 30 in der seltenen Hochradausführung.

OBEN

Das derzeitige Spitzenmodell von Schlüter war der seit 1954 lieferbare AS 45, mit dem das Unternehmen erstmals in die Klasse der schweren Schlepper vordrang. Es war wie immer ein überaus solide gebauter, leistungsstarker Ackerschlepper mit einem zulässigen Gesamtgewicht von 4100 kg, der in erster Linie für große Güter sowie zum Betrieb von Mähdreschern und Vollerntemaschinen vorgesehen war. Aber auch als Zugmaschine mit Druckluftbremsanlage und Schnellganggetriebe bestanden Verwendungsmöglichkeiten. Die motorische Bestückung bestand aus einem Dreizylinder-Viertakt-Dieseltriebwerk mit Wasserkühlung, einem großzügig bemessenen Hubraum von 4830 cm^3 bei niedriger Drehzahl, aus dem 45 PS Normalleistung und 48 PS Höchstleistung erzeugt wurden. Dadurch war der schwere Schlüter ungemein zugkräftig. Serienmäßig gelangte ein Fünfganggetriebe von ZF mit zwei auf Wunsch erhältlichen Kriechgeschwindigkeiten zum Einbau. Zapfwelle, Riemenscheibe und Lenkbremsen gehörten zum serienmäßigen Lieferumfang; ein hydraulischer Kraftheber war gegen Aufpreis zu bekommen. Nur schätzungsweise 100 Stück sollen – trotz seines relativ günstigen Preises – gebaut worden sein. Dieses tadellos restaurierte Exemplar von 1956 ist eines davon.

LINKS

Im Frühjahr 1957 stellte Schlüter seine Ein- und Zweizylinderschlepper in optisch überarbeiteter Form mit einteiliger Motorverkleidung vor. Erstmals waren nun auch luftgekühlte Motoren lieferbar. Die Modellbezeichnungen bestanden nun aus dreistelligen Zahlen, wobei an den ersten beiden Ziffern die Motorleistung in PS zu erkennen war. Nach wie vor aber wurden „konventionelle“ Schlepper mit wassergekühlten Triebwerken angeboten. Das Modell AS 320, das den früheren AS 30 ersetzte, war ein kräftiger Blockbauschlepper der Mittelklasse, bestückt mit einem wassergekühlten Zweizylinder-Viertakt-Schlüter-Dieselmotor des Typs ASM 32 mit 3114 cm^3 Hubraum und 32 PS Leistung bei 1500 U/min. Das ZF-Getriebe des 2000 kg wiegenden Traktors besaß wahlweise fünf oder sieben Vorwärtsgänge und zusätzlich eine Kriechgangstufe. Die Abbildung zeigt ein Fahrzeug aus seinem ersten Fertigungsjahr.

UNTEN LINKS

Bereits zwei Jahre später wurde das Bezeichnungssystem der Schlüter-Modelle erneut geändert und das Programm typenmäßig überarbeitet, wodurch sich nun ein Verkaufsangebot mit einer Leistungsbreite von 15 bis 50 PS ergab. Unter dem Motto „Die Welt ist bunt“ überließ man hinfort dem Kunden die Wahl der Farbe seines Schleppers. Neben dem anfänglichen Grau der frühen 1950er-Jahre wurde vor allem Rot, in geringerem Umfang auch Grün als Lackierung der Traktoren verwendet, bis sich die Ausführung mit rot lackierter Haube und silbergrauem Rumpf als die typische Farbkombination für Schlüter-Schlepper schließlich durchgesetzt hatte. Zu diesen neuen Schleppern gehörte auch der S 25, den ein wassergekühlter Zweizylinder-Viertakt-Dieselmotor mit 2512 cm^3 Volumen der Marke Schlüter antrieb, der 25 PS bei 1650 U/min hervorbringen konnte. Das aus dem Programm des Münchener Herstellers Hurth stammende Getriebe verfügte über sechs Vorwärts- und einen Rückwärtsgang. Auf Wunsch konnte die erste Gangstufe durch einen Super-Kriechgang mit 0,7 km/h Geschwindigkeit ersetzt werden. Hier ein 1960 gebautes Exemplar.

RECHTS

Weil die Hurth-Werke ihre Fabrikation eingestellt hatten, wurden ab der Jahreswende 1960/61 die Schlüter-Schlepper mit ZF-Getrieben ausgerüstet, die sich durch Klauenschaltung und eine Zusammenfassung der Gänge in Gruppen von ihren Vorgängern unterschieden. Nach erfolgter Umstellung hatte Schlüter ab 1961 insgesamt sechs unterschiedlich motorisierte Schlepper anzubieten. In der Zulassungsstatistik war man ein Jahr zuvor allerdings auf den 17. Platz mit nur noch 1195 Einheiten abgerutscht. Das mit einem wassergekühlten Zweizylinder-Viertakt-Dieselmotor mit 3220 cm^3 Hubraum bestückte Modell S 35 dieses Programms war mit 35 PS Motorleistung schon ein recht kraftvoller Schlepper, für den üblicher Weise ein umfassendes Sonderausrüstungsprogramm zur Verfügung stand. Ausgestattet war der S 35 – rechts ist ein Fahrzeug von 1962 zu sehen – mit einem Sechsgang-Schaltgetriebe und zusätzlichem Kriechgang. Im Mai 1962 wurde dessen Fertigung zugunsten des neuen 42-PS-Schleppers S 450 eingestellt.

UNTEN

Zu Beginn der 60er-Jahre begann sich Schlüter auf die Marktnische besonders leistungsstarker Schlepper zu konzentrieren. Mit diesem Schritt versuchte das Unternehmen der Marktsättigung in dieser Branche mit Spezialisierung zu begegnen und auch die sprunghaft einsetzende Nachfrage gerade nach PS-starken Schleppern zu befriedigen. Damit begann die Ära der „bärenstarken" Schlüter-Modelle. Mit dem erfolgreichen Entwicklungsabschluss einer neuen, aus Baukastenelementen zusammengefügten Motorenbaureihe mit zunächst zwei, drei, vier und sechs Zylindern konnte in der Folgezeit eine komplett neukonstruierte Schlepperbaureihe mit anfänglich vier Modellen mit Motorleistungen zwischen 34 und 80 PS auf den Markt gebracht werden. Leichtere Typen hingegen fehlten seither bei Schlüter völlig. Die neuen Modelle unterschieden sich äußerlich von ihren Vorgängern durch die neu gestaltete, breiter und kantiger wirkende Motorhaube mit dem großen Markenemblem an der Front, Lenkradschaltung und ihrer Halbrahmenbauweise, die fortan bei allen neuen Modellen angewandt wurde. Das hier gezeigte Modell 750 V (das „V" steht für Vierradantrieb) von 1965 mit seinem 65 PS starken Sechszylinder-5892-cm^3-Dieselmotor konnte man zur damaligen Zeit nicht nur leistungsmäßig, sondern auch hinsichtlich seiner technischen Ausstattung getrost der Spitzengruppe im Schlepperangebot zuordnen. Von den später gebauten Schlüter-Giganten mit bis zu 500 PS wurde er allerdings in jeder Hinsicht weit übertroffen.

SENDLING

UNTEN

Die 1899 in München gegründete und heute schon fast in Vergessenheit geratene Motorenfabrik München-Sendling war eine der ältesten Motorenfabriken Deutschlands und baute bereits ab 1909 ihre ersten Motorpflüge. Nach einer längeren Unterbrechung betrat man im Jahr 1937 erneut als allerdings erfolgloser Hersteller von Traktoren die Szene. Ein erneuter Versuch in diese Richtung wurde 1949 mit dem Ackerschlepper AS 7 in Angriff genommen, wobei ein eigengefertigter 15-PS-Sendling-Motor zum Einbau gelangte. Mit geringem Erfolg bot die Firma bis 1957 leichte Ackerschlepper an, die zwar von einer guten Verarbeitungsqualität waren, andererseits kaum technische Innovationen in sich bargen. Hierzu gehörte auch das 1955 erstmals vorgestellte Bauernschlepper-Modell KS 12. In diesem 975 kg schweren Kleinschlepper wirkte ein wassergekühlter Einzylinder-Viertakt-Dieselmotor mit 699 cm³ Hubraum, der der eigenen Herstellung entstammte und 12 PS bei 2000 U/min erzeugte. Weiterhin war ein mit fünf Vorwärts- und einem Rückwärtsgang bestücktes Getriebe vorhanden. Dieser 1956 gebaute KS 12 blieb der Nachwelt erhalten.

STIHL

DIESE SEITE

Die Maschinenfabrik Andreas Stihl KG in Waiblingen trat bereits lange vor dem Krieg als spezialisierter Hersteller von Elektromotorsägen hervor. Nach Kriegsende versuchte das Unternehmen im Hinblick auf den großen Nachholbedarf an landwirtschaftlichen Schleppern, in dieser Branche Fuß zu fassen. Das Resultat war das Modell S 140, ein preiswerter, in Leichtbauweise konstruierter, vor allem auf die Parzellenwirtschaft Südwestdeutschlands zugeschnittener Kleinschlepper, von dem 1948 die ersten Versuchsexemplare fertig gestellt werden konnten. Bei diesem Allzweck-Bauernschlepper verband ein Stahlrohr anstelle der üblichen Blockkonstruktion Motor und Getriebe. Der Achszwischenraum konnte zum Anbau von Geräten genutzt werden. Der von Stihl entwickelte luftgekühlte Einzylinder-Zweitakt-Dieselmotor mit 633 cm^3 Hubraum gehörte nach Eicher zu den ersten derartigen Aggregaten, die im Schlepperbau Verwendung fanden. Das Triebwerk wog nur 100 kg und leistete 12 PS bei 2000 U/min, besaß aber den Nachteil eines sehr unangenehm lauten Arbeitsgeräusches. Das Fahrzeug wog nur 723 kg und war anfangs mit einem Dreiganggetriebe, ab 1950 mit vier Vorwärts- und einem Rückwärtsgang ausgerüstet. Die Höchstgeschwindigkeit betrug 14,5 km/h. Serienmäßig erhältlich waren Zapfwelle, Ackerschiene, 12-Volt-Licht- und Anlasseranlage, wogegen Riemenscheibe, Mähwerk, Kraftheber und Aufsattelvorrichtung für Anhängerdeichseln zur Zusatzausrüstung zählten. Ab 1952 wurde die Motorleistung des eher anfälligen Triebwerks auf 14 PS angehoben, aber infolge seines zu geringen Gewichts war die Zugkraft des S 140 unbefriedigend und der Traktor neigte zum Aufbäumen. Da nennenswerte Verkäufe auch mit den Folgetypen ausblieben, schleppte sich dieser Geschäftszweig des mittlerweile wieder sehr erfolgreichen Sägenherstellers bis zu seiner Aufgabe im Jahr 1963 hin. Das links gezeigte Fahrzeug wurde 1951, das der unteren Abbildung ein Jahr später gebaut.

Stock

DIESE SEITE
Die von der in Berlin ansässigen Stock-Motorpflug AG seit 1908 gebauten Tragpflüge und späteren Raupenschlepper besaßen in der Landwirtschaft einen guten Ruf. 1935 wurde mit dem Modell „Stock-Diesel" ein luftbereifter, blockkonstruierter 20-PS-Ackerschlepper mit Dreigangschaltung vorgestellt. Dieses Modell wurde drei Jahre später überarbeitet und seither mit dem bekannten 22-PS-Deutz-Diesel F 2 M 414 und einem selbst entwickelten Zweigruppengetriebe mit insgesamt sechs Vorwärts- und zwei Rückwärtsgängen für Geschwindigkeiten bis 19,5 km/h bestückt. Das Gewicht des mit einer gegen den Motorblock abgefederten Pendel-Vorderachse ausgerüsteten und bis 1942 gefertigten Einheitsschleppers betrug 1500 kg. Serienmäßig besaß der sehr ausgereift und zweckmäßig ausgebildete Bauernschlepper Zapfwelle, Mähwerk und Riemenscheibe. Die Bodenfreiheit von 430 mm war beachtlich. Hier wird ein mit Klappgreifern ausgerüsteter Stock-Schlepper aus dem Jahr 1939 gezeigt. Mit dem Verlust der in Ostberlin gelegenen Fabrikationsanlagen endeten die Aktivitäten dieses Unternehmens.

DIESE SEITE

Auf der Dortmunder DLG-Ausstellung des Jahres 1927 sorgte ein von der Firma Stock angebotener kleiner Kettenschlepper mit extrem kurzem Radstand für beträchtliches Aufsehen. Dieser als „Raupenstock" bezeichnete, etwas kopflastige und unkonventionelle Schlepper war in Blockbauweise unter Verwendung eines ganz vorn angeordneten wassergekühlten Zweizylinder-Viertakt-Vergasermotors von Deutz mit 3618 cm^3 Hubraum mit 28 PS Höchstleistung bei 1000 U/min und einem dreigängigen Zahnrad-Schubgetriebe für Geschwindigkeiten bis zu 9,2 km/h konstruiert. Die Ketten wurden über ein großes angetriebenes Vorderrad sowie ein kleineres Leitrad hinten geführt und starke horizontale Druckfedern zwischen Rahmen und Hinterachse besorgten die erforderliche Kettenspannung. Wegen des geringen Achsabstandes konnte auf die üblicher Weise stark verschleißenden Stützrollen bei dem 2200 kg schweren Fahrzeug verzichtet werden. Als Zusatzausrüstungen waren eine für Einsätze in der Forstwirtschaft unerlässliche 6-t-Seilwinde sowie eine Zapfwelle lieferbar. Seine überaus vielseitige Verwendbarkeit bewies der Raupenstock nicht nur bei Feldarbeiten, auch in Spezialkulturen wie im Hopfen-, Obst- und Weinbau konnte er wegen seiner geringen Größe ohne Weiteres eingesetzt werden. Insgesamt sollen von diesem sehr fortschrittlichen kleinen Kettenschlepper über 4000 Stück verkauft worden sein, dieses toprestaurierte Fahrzeug ist von 1927.

Sulzer

OBEN

Gut ein Jahrzehnt nur war die in Harthausen bei Augsburg beheimatete Firma Ignaz Sulzer, Maschinen- und Fahrzeugbau, mit dem Schlepperbau beschäftigt. Nach ersten, bereits auf das Jahr 1936 zurückgehenden Versuchen dauerte es bis 1952, bevor mit dem Kleinschlepper S 15 der Traktorenbau in bescheidenem Rahmen erneut aufgenommen werden konnte. Die Firma Sulzer war geradezu ein Paradebeispiel für den Konfektionsschlepperbau, denn alle Bauteile wurden ausschließlich von Fremdfirmen bezogen und alles, was irgendwie zusammenpasste, preislich günstig zu haben war oder gerade angeboten wurde, verwendete der gelernte Wagenbauer zum Einbau in seine Schlepper. Die Motoren kamen überwiegend von Deutz oder MWM, Getriebe hingegen von Prometheus, Renk, ZF oder Hurth, die Blechteile meist von Herstellern, die gerade Sonderposten oder Überproduktionen anzubieten hatten. Deshalb sahen die Sulzer-Traktoren – selbst des gleichen Typs – auch manchmal verschieden aus. Räder, Achsen, Kühler, Lenkungen und die Teile des Zubehörprogramms erwiesen sich ebenfalls in keiner Weise als einheitlich. So ist es nicht verwunderlich, dass sich aus diesem kaum als homogen zu bezeichnenden Fertigungskonzept zwangsläufig eine fast unübersehbar große Sorten- und Typenvielfalt im Fabrikationsprogramm ergab. Andererseits entstanden durch die Verwendung bewährter Bauteile durchaus funktionsfähige und tüchtige Schlepper und mit Hilfe dieser Firmenpolitik konnten auch ganz spezielle Sonderwünsche der Kunden realisiert werden – viel leichter als bei Großherstellern. Der S 15 – im Übrigen nahezu identisch mit dem kleinen Gutbrod-Modell – wurde entweder mit einem MWM- oder Deutz-Motor sowie mit Getrieben von Renk/Augsburg oder Hurth gebaut. Das abgebildete Fahrzeug mit Mähbalken von 1953 ist mit einem 15-PS-Deutz-Motor und fünfgängigem Hurth-G-85-Getriebe bestückt.

DIESE SEITE

Die Sulzer-Traktoren wurden fast ausschließlich in der regionalen Umgebung Bayerisch Schwabens ohne Zwischenhandel direkt ab Werk verkauft. Neben einigen spektakulären, teilweise mit Allradantrieb ausgeführten luft- und wassergekühlten Modellen waren es überwiegend Kleinschlepper oder Typen der unteren Mittelklasse, die das Werk in zumeist handwerklicher Arbeit fertigte. Das etwa zwischen 1953 und 1958 gebaute Modell des Bauernschleppers S 12 beispielsweise war zunächst mit dem wassergekühlten Einzylinder-12-PS-Sendling-DS-211-Dieselmotor, ab 1955 mit dem luftgekühlten 11-PS-Deutz-Aggregat F 1 L 612 bestückt oder, wie im Falle des unten gezeigten, hervorragend restaurierten Fahrzeugs von 1956, mit einem wassergekühlten Einzylinder-Viertakt-Dieselmotor des Typs KD 12 E von MWM mit 851 cm³ Hubvolumen und 12 PS Leistung. Es gelangte ein ZP-Getriebe mit sechs Vorwärtsgängen und zwei Rückwärtsfahrstufen für Geschwindigkeiten zwischen 1,4 und 16,6 km/h zum Einbau. Das rechte Bild zeigt das 1956 gebaute Modell S 15 eines belgischen Sammlers, in welches ein luftgekühlter Deutz-Motor F 1 L 514 zusammen mit einem Fünfganggetriebe von Hurth installiert war. 1963 zog sich Ignaz Sulzer aus dem Traktorengeschäft zurück.

URSUS

OBEN

Das Ursus-Traktoren-Werk in Wiesbaden – nicht zu verwechseln mit den polnischen Ursus-Werken in Warschau – entstand aus einem zunächst mit dem Handel und der Umrüstung US-amerikanischer Militärfahrzeuge befassten Unternehmen, das 1949 sein Spektrum mit dem Bau von zum Teil auf diesen Fahrzeugen basierenden Allradschleppern erweiterte. Mit gleicher Zielsetzung baute der Frankfurter Landmaschinenfabrikant Erkelenz ähnliche Fahrzeuge und im Jahr 1954 kam es zu einem Zusammenschluss beider Unternehmen. Bereits 1950 baute Ursus, wegen Einspruchs aus Polen nun unter „Urus-Werke GmbH" firmierend, den in Blockbauweise konstruierten Allradtraktor B 28, der das wassergekühlte 28-PS-Zweizylinder-Viertakt-Dieseltriebwerk KDW 415 Z von MWM mit 2360 cm³ Hubraum als Antriebsquelle erhielt. Ein Getriebe des Herstellers Renk/Augsburg mit fünf Vorwärts- und einer Rückwärtsfahrstufe für 3,3 bis 20 km/h Geschwindigkeit wurde in diesem 1740 kg schweren Urus-Schlepper verwendet. Dieser durchaus zugstarke „Auerochse" mit seinen vier gleich großen Rädern – hier ein Fahrzeug von 1952 mit Seilwinde – war aber nur in bescheidenen Stückzahlen an den Mann zu bringen. Die Ausrüstung bestand aus Zapfwelle, Riemenscheibe, Mähwerk und hydraulischem Kraftheber.

DIESE SEITE
Auf der 1955 in Köln stattfindenden DLG-Ausstellung stellte das nun unter Ursus-Traktorenwerk Erkelenz & Co. firmierende Unternehmen das Modell C 10 Bambi vor. Dieser in technischer Hinsicht sehr interessante allradgetriebene Kleinschlepper war mit seinen über eine Zentralwelle mittels Rollenkette angetriebenen, lenkbaren, vier gleich großen Rädern von einer völlig neuen Konzeption und sorgte am Messestand verständlicher Weise für beträchtliches Aufsehen. Es war ein Zweiwegeschlepper mit drehbarem Sitz, mit dem in beiden Fahrtrichtungen gearbeitet werden konnte. Das mit vier Vorwärts- und vier Rückwärtsgängen ausgerüstete, mit dem Motor verblockte Wendegetriebe stammte aus eigener Fertigung. Den Antrieb besorgte ein Einzylinder-Zweitakt-Dieselmotor mit Wasserkühlung des Typs Sachs 500 von Fichtel & Sachs mit 498 cm^3 Hubraum, der zehn PS Leistung bei 2000 U/min Nenndrehzahl erzeugte. Dieser 660 kg wiegende Kleintraktor besaß vielfältige Anbaumöglichkeiten vorne, hinten und zwischen den Achsen. Mit nur zehn PS Leistung war er allerdings reichlich schwach geraten und da sich seine Absatzzahlen – wie auch die der übrigen Ursus-Modelle – in Grenzen hielten, stellte man 1959 den Traktorenbau ein. Hier ist ein restauriertes Fahrzeug aus dem ersten Produktionsjahr zu sehen.

VEB / DDR

DIESE SEITE

Unter dem Sammelbegriff „VEB“ – Volkseigene Betriebe – soll, obwohl es sich hier um unterschiedliche Hersteller handelt, der Traktorenbau in der ehemaligen DDR in einem Kapitel zusammengefasst werden. Wie alle größeren Industrieunternehmen in der Sowjetischen Besatzungszone wurden auch die verbliebenen Traktorenhersteller 1945 entschädigungslos enteignet und 1946 zu Volkseigenen Betrieben erklärt. Sämtliche Fahrzeug- und Motorenfabriken fasste man 1948 unter dem Begriff „IFA Industrieverband Fahrzeugbau“ unter zentraler Leitung zusammen. Die drei großen, im Jahr 1949 entstandenen Traktorenhersteller in der SBZ, das Schlepperwerk Nordhausen sowie die Traktorenwerke in Schönebeck und Brandenburg, auf die im Einzelnen aber hier nicht näher eingegangen werden kann, zählten selbstverständlich auch dazu. Im Jahr 1948 wurde entschieden, einen auf Vorkriegsbauteilen basierenden 22-PS-Blockbauschlepper im Schlepperwerk Nordhausen, den früheren Normag-Werken, zu fertigen. Mit dessen Serienbau wurde Mitte des folgenden Jahres begonnen. Es entstand ein Schlepper, dessen Konstruktionsmerkmale sich weitgehend am NG 22 von Normag orientierten. Dabei wurde auf den bewährten, bereits in den meisten Einheitsschleppern wie auch im Normag NG 10 verwendeten wassergekühlten Deutz-Dieselmotor F 2 M 414 genauso zurückgegriffen wie auf die runde Motorverkleidung des 30-PS-MBA-Schleppers, deren Presswerkzeuge in den Montania-Werken den Krieg unbeschadet überstanden hatten. Auch das für eine Maximalgeschwindigkeit von 17,8 km/h ausgelegte Vierganggetriebe der Zahnradfabrik Friedrichshafen war bereits im NG 10 verwendet worden. Die Bezeichnung des neuen Schleppers lautete RS 02/22, also die zweite Radschlepperkonstruktion der DDR – die erste war der RS 01/40 „Pionier" – mit 22 PS Leistung. Mit „Brockenhexe" erhielt dieser Traktor später auch einen Namen, unter dem dieses Modell auch bekannt werden sollte. Als Sonderausrüstung waren Riemenscheibe, Zapfwelle und auch ein kastenförmiges Fahrerhaus – wie auf der linken Seite zu sehen – erhältlich. Eine Hydraulik fehlte. Der mit 1680 kg Gewicht zwar relativ leichte und sehr wendige Traktor war leistungsmäßig für die landwirtschaftliche Zukunft der DDR, die aus großen, in landwirtschaftlichen Produktionsgenossenschaften zusammengefassten Betrieben bestehen sollte, allerdings kaum geeignet, sondern nur für eher kleinere Betriebe verwendbar. Deshalb erfolgte das Ende seiner Fertigung bereits im Jahr 1952. Die Fahrzeuge auf dieser Doppelseite entstanden zwei Jahre früher.

beitsweise aus einer Kombination zwischen Luftspeicherverfahren und Direkteinspritzung bestand, eingebaut. Das ehemalige MBA-Werk in Babelsberg – nun als Karl-Marx-Werke bezeichnet – übernahm auch die Serienfabrikation. Aus seinem Hubraum von 3325 cm³ brachte dieser Motor bei 1500 U/min Nenndrehzahl eine Leistung von 30 PS zustande. Der Motor des 2250 kg wiegenden „Aktivist“ war mit einem weiterentwickelten Prometheus-Getriebe mit vier Vorwärts- und einem Rückwärtsgang verblockt. Der RS 03/30 hatte einen extrem kurzen Radstand sowie eine weit nach vorn gezogene Vorderachse. Infolge des viel zu kurzen Vorbaus des längs eingebauten Antriebsaggregats kam es zu einer sehr ungünstigen Lastverteilung, die der Grund für eine schlechte Lenkstabilität und die große Gefahr des Aufbäumens unter Last war. Riemenscheibe und Zapfwelle gehörten auch hier zur Serienausstattung. Eine eckige Fahrerkabine war ebenfalls erhältlich. Hier ein tadellos restaurierter Aktivist von 1950.

DIESE SEITE

In den Brandenburger Traktorenwerken BTW – den ehemaligen Brennabor-Automobilwerken – wurde ab Mai 1949 die Fertigung eines „Aktivist“ getauften Radschleppers RS 03/30 aufgenommen. In diesen ursprünglich als Generatorschlepper vorgesehenen Entwurf wurde ein bereits von MBA projektierter und nun zur Serienreife gebrachter wassergekühlter Zweizylinder-Viertakt-Dieselmotor in V-Form, dessen Ar-

RECHTE SEITE

Die unbefriedigenden Fahreigenschaften des „Aktivist“ versuchte man durch eine 1951 durchgeführte konstruktive Änderung insofern zu mildern, als man den Kühlervorbau bis über die Vorderachse verlängerte. Leider brachte die damit stärker belastete Vorderachse, ebenso wie die dortige Anbringung von Zusatzgewichten, keine entscheidende Verbesserung der weiterhin sehr problematischen „Straßenlage“. Daher kam es bereits im Jahr 1952, nach nur zwei Produktionsjahren, zu einem vorzeitigen Fertigungsende. Beide Aufnahmen auf der gegenüber liegenden Seite zeigen Schlepper von 1951 in der verbesserten Bauform.

IFA
AKTIVIST

IFA
AKTIVIST

OBEN/RECHTS OBEN

Bei dem Modell des Vielzweckschleppers RS 04/30, der zwischen 1953 und 1956 im Schlepperwerk Nordhausen in insgesamt 7574 Einheiten entstand, handelte es sich – gemäß der Typenterminologie – um die vierte und gleichzeitig erste wirklich eigenständige Entwicklung eines Radschleppers, der in der DDR in Serie ging. Es war ein etwas hochbeinig wirkender, 2600 kg wiegender mittelschwerer Traktor solider und konventioneller Blockbauart, der durchaus auf der Höhe seiner Zeit stand. Die großen 9-40-Hinterräder und die beachtliche Bodenfreiheit von 470 mm war besonders bei Pflegearbeiten von Vorteil. Das wassergekühlte Zweizylinder-Viertakt-Wirbelkammer-Dieseltriebwerk des Typs EM 2-15 mit 3012 cm^3 Hubraum entstand durch Verkleinerung einer von Horch in Zwickau für Lastkraftwagen entwickelten Motorkonstruktion. Dieser Motor leistete 30 PS bei 1500 U/min und war damit keineswegs stärker als jener im „Aktivist". Das Fünfganggetriebe ermöglichte Geschwindigkeiten zwischen 3,6 und 18 km/h; zusätzlich war eine Kriechgangübersetzung erhältlich. Neben einem hydrauli-

schen Kraftheber, Anbaumähbalken und einem geräumigen Fahrerhaus waren vorn eine Getriebezapfwelle und hinten eine Motorzapfwelle vorhanden. Umständlich war hingegen das Verändern der Spurweite, was nur durch Umstecken der Felgen erreicht werden konnte. Diese beiden Fahrzeuge mit Wetterdach entstanden 1954.

OBEN
Hier wird ein weiterer, bestens restaurierter und offen ausgeführter RS 04/30 aus dem Jahr 1954 gezeigt. Werksmäßig ausgeliefert wurden diese Fahrzeuge in einem grünen Farbton. Insgesamt war der RS 04/30 – obgleich leistungsmäßig mit dem „Aktivist“ identisch – nicht zuletzt wegen seiner günstigeren Gewichtsverteilung besser zu fahren und wesentlich vielseitiger verwendbar.

Zu jener Zeit unternahm die Regierung der DDR verstärkte Anstrengungen zur Kollektivierung ihrer Landwirtschaft. Es verwundert daher schon, dass mit dem ersten neu konstruierten Ackerschlepper dieses Landes nur ein mittelschwerer Schlepper für herkömmliche Betriebsgrößen zustande kam, der kaum für die zukünftige großflächige Bewirtschaftung geeignet war.

OBEN

Mitte des Jahres 1949 musste im VEB Kraftfahrzeugwerk Horch in Zwickau, dem ehemals renommierten, der Auto Union angeschlossenen Automobilhersteller, die Fabrikation des IFA-Schleppers mit 40 PS aufgenommen werden. Das bald darauf in RS 01/40 „Pionier" umbenannte Fahrzeug basierte auf dem früher in Breslau gebauten 40-PS-FAMO-Radschlepper, dessen Konstruktionsunterlagen von ehemaligen Mitarbeitern geringfügig überarbeitet worden waren. Die ersten Exemplare dieses über lange Zeit schwersten in der DDR verfügbaren Traktors mussten, da Gummireifen nicht ausreichend zur Verfügung standen, noch überwiegend mit Eisenrädern ausgeliefert werden. Angetrieben wurde dieser sehr robuste und zugstarke Schlepper mit dem wassergekühlten Vierzylinder-Viertakt-Vorkammer-Dieselmotor 4 F 145 mit 5022 cm^3 Hubraum, der dem früheren FAMO-Triebwerk weitgehend entsprach und seine Leistung von 40 PS bei nur 1250 U/min abgab. Sehr startfreudig war er nicht, der gewichtige, 3200 kg schwere „Pionier", der zunächst mittels eines umständlichen Benzinanlassverfahrens in Betrieb gesetzt werden musste und erst dann auf Dieselbetrieb umgeschaltet werden konnte. Das Getriebe hatte fünf Vorwärts- und einen Rückwärtsgang für maximal 17,5 km/h Geschwindigkeit. Es war gegenüber dem Vorkriegsmodell anders abgestuft, um eine höhere Geschwindigkeit bei Straßenfahrten zu erreichen. Durch konstruktive Änderungen an der Vorderachse erhöhte sich die Bodenfreiheit auf 300 mm. Zapfwelle, Riemenscheibe sowie eine gefederte Zugvorrichtung waren vorhanden. Ab Oktober 1950 wurde die Produktion in das Schlepperwerk Nordhausen verlagert. Von dort verließen bis 1956 mehr als 20.000 Schlepper die Werkhallen. Eine wichtige Änderung betraf

die 1952 erfolgte Umstellung auf das Wirbelkammerverfahren, bei dem der Motor zukünftig mit Druckluft gestartet werden konnte. Später kam das zuverlässigere elektrische Anlassverfahren zum Einsatz. Auf der gegenüber liegenden Seite ist oben ein „Pionier" von 1953, unten einer von 1955 zu sehen – beide Fahrzeuge sind mit Elektrostarter und Batteriekästen ausgerüstet.

OBEN

1957 erfuhr der mittlerweile in die Jahre gekommene „Pionier" eine Überarbeitung, die neben der abgerundeten äußeren Form der Motorhaube aus der Umkonstruktion der Vorderachse auf Einzelradfederung und damit größerer Bodenfreiheit, einer geänderten Getriebeabstufung sowie der Möglichkeit des Anbaus eines hydraulischen Krafthebers bestand. Der insgesamt etwas reparaturfreundlicher gestaltete Motor dieses nun als RS 01/40 II „Harz" bezeichneten Traktors – oben ein Fahrzeug aus dem ersten Fertigungsjahr – konnte gegenüber dem „Pionier" mit zwei zusätzlichen Pferdestärken aufwarten. Serienmäßig war eine elektrische Startanlage eingebaut. Nur kurz währte die Fertigung des „Harz", denn bereits ein Jahr später wurde diese zugunsten des „Famulus" beendet.

DIESE SEITE

Als Nachfolgemodell des RS 04/30 begann ab Herbst 1956 im Schlepperwerk Nordhausen der Serienbau eines zunächst als RS 14/30 „Favorit“ bezeichneten, in der Grundkonzeption dem RS 04/30 entsprechenden Radschleppers, dessen Bezeichnung zwei Jahre später in „Famulus“ geändert wurde. Verbesserungen waren in erster Linie beim Getriebe, das nun über in zwei Schaltgruppen unterteilte jeweils fünf Vorwärts- und zwei Rückwärtsgänge für Geschwindigkeiten bis 24 km/h verfügte, und an der mit Dreipunktaufhängung konstruierten Hydraulik zu verzeichnen. In diesem Schlepper wurde das anfangs 30, später auf 33 PS leistungsgesteigerte Triebwerk des Vorgängers verwendet. Vom „Famulus“ gab es auch eine luftgekühlte Variante. Der Zusammenschluss zu landwirtschaftlichen Produktionsgenossenschaften (LPG) hatte die zu bearbeitenden Anbauflächen in der DDR stark vergrößert und machte den Einsatz leistungsfähiger Zapfwellenmaschinen erforderlich. Diesen Anforderungen waren die DDR-Traktoren in den ausgehenden fünfziger Jahren kaum noch gewachsen und der Ruf nach mehr PS wurde unüberhörbar. Durch Aufbohren des „Famulus“-Motors auf 3280 cm³ gelang es, seine Leistung auf 36 PS zu steigern. Diese nun in Serie gehende Ausführung wurde als RS 14/36 „Famulus 36“ bezeichnet und unterschied sich ansonsten nur durch die größere Spurweite der Vorderräder vom RS 14/30. Es war die mit Abstand meistgebaute „Famulus“-Variante, die ab 1961 nur noch mit Wasserkühlung gefertigt wurde. Davon abgesehen war der „Famulus“ ein sehr zuverlässiger, auch mit Druckluftbremsanlage für Transportaufgaben häufig verwendeter Schlepper, der über Jahrzehnte hinweg seinen Mann zu stehen hatte. Hier zwei 1963 gebaute Fahrzeuge.

DIESE SEITE

Da kein geeigneter Schleppermotor größerer Leistung zur Verfügung stand, lag die Versuchung verständlicher Weise nahe, durch erneute Drehzahlerhöhung noch mehr Leistung aus dem „Famulus"-Triebwerk herauszuholen. Dabei gelang es den Technikern, stolze 46 PS bei 2000 U/min Nenndrehzahl aus dem Motor herauszukitzeln. Diese Triebwerksvariante wurde ab 1960 in den nun als RS 14/46 „Famulus 46" bezeichneten Schlepper – das untere Bild zeigt ein 1963 gebautes Fahrzeug – eingebaut. Trotz beachtlicher Motorleistung konnte diese Version nicht an die Zugkraft des legendären „Pionier" heranreichen. Schwerer wog, dass der Motor bei dieser Drehzahl eindeutig überfordert war, so dass man sich zu einer teilweisen Rückstufung auf verträglichere 1800 U/min bei dem zwischen 1964 und 1965 gefertigten detailverbesserten Nachfolgemodell „Famulus 40" entschließen musste. Mit den nun zur Verfügung stehenden 40 PS war der „Famulus" an seiner oberen Leistungsgrenze angelangt und Mitte der 60er-Jahre mehr denn je nicht in der Lage, die Anforderungen der Großflächen-Landwirtschaft zu erfüllen. Erst mit dem ab 1967 in Serie gehenden, 90 PS starken Großschlepper ZT 300 stand ein für derartige Arbeiten geeignetes Fahrzeug zur Verfügung, das mit seinen geringfügig verbesserten Nachfolgetypen die Entwicklung der DDR-Traktoren beschließen sollte. Oben ein „Famulus 40" von 1964.

LINKS

Eine große Bedeutung für die Landwirtschaft in der DDR erlangten die von dem Erfurter Ingenieur Egon Scheuch ab 1949 entwickelten Geräteträger. Im Jahr 1952 konnten die Entwicklungsarbeiten an dem Einholm-Geräteträger RS 08/15 mit dem hübschen Beinamen „Maulwurf“ abgeschlossen werden. Die Serienfertigung wurde noch im gleichen Jahr in Schönebeck aufgenommen und bis 1956 – das oben gezeigte Fahrzeug stammt aus diesem Jahr – fortgeführt. Der RS 08/15 besaß eine hohe Allzweckbereifung und war mit motor- oder weggebundenen Zapfwellen bestückt. Mehr als 40 Anbaugeräte konnten vorn, hinten oder zwischen den Achsen betrieben werden. Ein Nachteil war wohl die nicht vorhandene Hydraulik, die Muskelkraft beim Heben und Senken der Anbaugeräte erforderlich machte. Der RS 08/15 war insgesamt eine seinerzeit überaus fortschrittliche und vielseitig verwendbare Konstruktion, deren einziger Schwachpunkt ihr vom PKW IFA F 8 abgeleiteter wassergekühlter Zweizylinder-Zweitakt-Vergasermotor mit 690 cm^3 Hubraum war, da ein geeigneterer Kleindieselmotor aus DDR-Produktion nicht zur Verfügung stand. Der Motor erzeugte 15 PS bei 3000 U/min und hatte, ebenso wie das über acht Vorwärts- und ebensoviel Rückwärtsgänge verfügende Getriebe, unter häufigen Ausfällen und zu geringer Standfestigkeit zu leiden, was dem Gesamterfolg dieser Konzeption aber keinen Abbruch tat.

LINKS

Das Nachfolgemodell des RS 08/15, der RS 09/15, befand sich von 1957 bis 1962 in der Fabrikation. Zum Antrieb dieses Geräteträgers stand nun ein österreichischer, im Dieselmotorenwerk Schönebeck in Lizenz gefertigter luftgekühlter Zweizylinder-Viertakt-Dieselmotor in V-Form gleicher Leistung und Drehzahl zur Verfügung. Nun gab es auch eine Hydraulik, die die Bedienung wesentlich erleichterte. Im Gegensatz zum „Maulwurf“, dessen Motor vor dem Fahrersitz angeordnet war, saß dieser nun unter dem Fahrersitz. Das Wechselgetriebe hingegen wurde unverändert übernommen. Der RS 09/15 und seine von ihm abgeleiteten Folgemuster waren sehr beliebte, häufig auch exportierte Arbeitsmaschinen.

ZANKER

UNTEN

Nur für eine ganz kurze Zeit, zwischen 1949 und 1950, trat die Hermann Zanker KG, ein renommierter Waschmaschinen- und Haushaltsgerätehersteller, auch als Traktorenhersteller in Erscheinung. Das Produkt dieses Unternehmens war ein kleiner, als M 1 bezeichneter 12-PS-Bauernschlepper, der im Jahr 1949 mit einer gewissen Berechtigung von sich Reden machte, denn dieser kleine, zudem noch branchenfremde Hersteller hatte nicht nur ein höchst bemerkenswertes Fahrzeug zuwege gebracht, sondern auch sämtliche Bauteile vom Fahrgestell über Motor und Getriebe selbst konstruiert und im eigenen Betrieb gefertigt. Der direkt einspritzende Einzylinder-Zweitakt-Dieselmotor mit Umkehrspülung besaß 1020 cm³ Hubraum, leistete – je nach Drehzahl – zwischen 12 und 15 PS und konnte ohne Zündhilfe und Vorglühen gestartet werden. Das Zanker-Getriebe besaß vier Vorwärts- und einen Rückwärtsgang mit Abstufungen zwischen 3,2 und 17,7 km/h und war mit dem Motor verblockt. Die serienmäßig eingebaute Zapfwelle, Riemenscheibe und eine elektrische Lichtanlage waren weitere technische Vorzüge dieses sehr fortschrittlichen Schleppers. Leider aber ließen die hohen Entwicklungskosten ein Billigangebot nicht zu, was wiederum auf die Absatzzahlen drückte. Nur etwa 100 Schlepper wurden gebaut, bevor sich Zanker, unter Verkauf der Konstruktionsunterlagen an Bautz, wieder von diesem Produktionszweig trennte. Dort wurde der Traktor noch bis 1951 unverändert hergestellt.

ZETTELMEYER

OBEN

Bereits im Jahr 1908 wurde in Konz bei Trier die Maschinenfabrik Hubert Zettelmeyer gegründet, die sich seither intensiv und mit beachtlichem Erfolg der Herstellung von Dampf- und Motorstraßenwalzen widmete. Nach der Übernahme einer weiteren Produktionsstätte fiel 1934 die Entscheidung, zusätzlich Acker- und Straßenschlepper zu bauen. Bereits ein Jahr später war es so weit und mit dem Modell Z 1 konnte ein mit dem 20-PS-Zweizylinder-Deutz-Dieselmotor F 2 M 313 bestückter Bauernschlepper vorgestellt werden. In diesem Blockbauschlepper, der auch mit einer breiten Sitzbank erhältlich war, gelangte ein zwischen 2,7 und 15 km/h abgestuftes Zettelmeyer-Getriebe mit vier Vorwärts- und einem Rückwärtsgang zur Verwendung. Die Anhängelast bei Höchstgeschwindigkeit war mit 12,5 t recht beachtlich und die „Zugmaschine" Z 1 wurde nicht nur als Ackergerät, sondern auch in der Forstwirtschaft und im Güternahverkehr gerne verwendet. Diese Z-1-Zugmaschine mit zwillingsbereiften Hinterrädern wurde 1936 gebaut.

RECHTS

Was auf den Z 1 zutraf, galt in noch stärkerem Maße für den Straßenschlepper Z 2, der damals die einzige, in Blockbauweise konstruierte Straßenzugmaschine dieser Größenklasse war und auch vielfach mit festem Fahrerhaus bestellt wurde. In dieses Fahrzeug wurde der mittlerweile lieferbare 22-PS-Zweizylinder-Deutz-Dieselmotor F 1 M 414 eingebaut, der mit dem Ziel einer besseren Gewichtsverteilung weiter nach vorn gerückt worden war. Das ebenfalls viergängige Getriebe erhielt eine andere Abstufung, so dass jetzt 20 km/h Höchstgeschwindigkeit erreichbar waren. Neben der Ausrüstung mit Riemenscheibe und Zapfwelle war auch eine Seilwinde für Einsätze in der Forstwirtschaft erhältlich. Die abgebildete offene Z-2-Zugmaschine aus dem Jahr 1938 ist zwillingsbereift und besitzt eine dreisitzige Sitzbank.

UNTEN

Infolge Kriegszerstörungen und Demontage konnten die Zettelmeyer-Werke mit der Herstellung neuer Traktoren erst 1949 beginnen. Zunächst wurde ein Fahrzeug unter der früheren Bezeichnung Z 1 angeboten, das mit dem auf 25 PS leistungsgesteigerten Deutz-Triebwerk F 2 M 414 mit Wasserkühlung bestückt war und eine sehr formschön abgerundete Haube besaß. Neben dem Vierganggetriebe eigener Fertigung gab es wahlweise Riemenscheibe, Zapfwelle, Mähwerk und eine Seilwinde. Mit Letzterer sollten ganz bewusst die Wald- und Forstbetriebe angesprochen werden, bei denen man in der Vorkriegszeit gute Verkäufe erzielt hatte. Ohne Sonderausrüstung wog der Schlepper 1715 kg. Obwohl die Zettelmeyer-Traktoren – kurze Zeit später gab es auch wieder die Straßenzugmaschine Z 2 – qualitativ hochwertige und zuverlässige Maschinen waren, enttäuschten die Zulassungszahlen derart, dass dieser Produktionszweig schon nach kurzer Zeit zugunsten des lukrativeren Geschäfts mit Baumaschinen aufgegeben wurde. Dieser Z 1 wurde 1949 gebaut.

DANKSAGUNG

Am Schluss eines jeden Buches ist es im Allgemeinen üblich, eine Danksagung an alle diejenigen Personen auszusprechen, die bei der Erstellung des Werkes in irgendeiner Weise geholfen haben. In diesem Fall ist es mir ein ganz besonderes Bedürfnis und eine Freude, allen jenen, hier namentlich nicht aufzählbaren Schlepper- und Traktorbesitzern im In- und Ausland meinen herzlichen Dank dafür auszusprechen, dass sie ihre Maschinen für mich in die gewünschte Fotoposition fuhren. Bei weitem nicht jeder Besitzer verstand sofort ohne zusätzliche Erklärungen meinen Beweggrund, warum er denn extra mit seinem Trecker auf die Wiese, an den entfernten Waldrand oder vor ein bestimmtes Gebäude fahren sollte. Ich könnte doch wie jeder andere Fotograf die Aufnahmen an Ort und Stelle machen, wo sich der Schlepper gerade – meist in Reih und Glied neben anderen Fahrzeugen – befand. Wenn dann noch zu allem Überfluss beispielsweise der gerade mühsam am Kühler befestigte Fahrzeugsteckbrief entfernt werden, oder der Lanz wegen seiner für die Fotoaufnahme schädlichen Vibrationen einen kurzen Moment ausgestellt werden sollte, so ist es für mich durchaus verständlich, dass meine „Sonderwünsche", zumal ich diese zwangsläufig in der nicht immer ganz vermeidbaren Hektik und dem Trubel der Fahrzeugtreffen vorbringen musste, nicht in jedem Fall eitel Freude und Begeisterung ausgelöst haben. Auch einige Veranstalter oder Einweiser waren über mein fotografisches Treiben nicht immer erbaut, erzeugte ich doch angeblich nur Staus und Unruhe unter den oft in größeren Gruppen eintreffenden Teilnehmern und behinderte die ausgeklügelte Ordnung der einzunehmenden Fahrzeugplätze. Umso größer ist daher mein Dank für die hundertfach bewiesene Geduld, Unterstützung und geopferte Zeit, die zu den hier vorgelegten Ergebnissen geführt hat. Ohne diese Hilfe hätten Bilder und Buch nicht in dieser Form entstehen können. Allen Schlepperbesitzern, die ihr Fahrzeug in diesem Buch wiederfinden, möchte ich gleichzeitig eine kleine Freude bereiten und ich hoffe, nicht nur sie mit meinen Fotokünsten zufriedengestellt zu haben.

Dank gebührt schließlich auch dem Heel-Verlag, der die Herausgabe dieses Buches in dieser sehr ansprechenden Form erst ermöglichte.

Diese Zeilen aber möchte ich nicht beschließen, ohne meiner Frau Halena für ihr großes Verständnis für meine Fotoleidenschaft wie auch für die nahezu uneingeschränkte Nachsicht zu danken, was meine fast regelmäßige Abwesenheit an den Wochenenden der Sommermonate und die Arbeit an dem Buch selbst angeht.

ÜBER DEN AUTOR

Geboren am 14.12.1946 in Geesthacht, Kreis Lauenburg/Elbe, gelernter Sortimentsbuchhändler und seit Jahrzehnten begeisterter Fotoamateur, entdeckte er bereits als Heranwachsender seine Vorliebe für alle Bereiche der historischen Technik. Schon Mitte der 60er Jahre zogen ihn Dampflokomotiven in den Bann und anschließend war er über viele Jahre lang im Urlaub und in jeder freien Minute mit Fotoapparat und Filmkamera bewaffnet den schwarzen Schönheiten überwiegend an den Schienensträngen der Deutschen Bundesbahn auf der Spur, um diese zu Ende gehende Epoche in möglichst stimmungsvollen, fotografisch anspruchsvollen Zug- und Landschaftsaufnahmen zu dokumentieren. Da der Funke zu modernen Schienenfahrzeugen nicht übersprang, verlegte er sein fotografisches Hauptinteresse Ende der 60er Jahre auf historische Feuerwehrfahrzeuge und Lastwagen sowie auf die Erforschung ihrer Historie, die er bei ausgedehnten Fahrten in ganz Mitteleuropa in Tausenden Exemplaren aufspürte und in bekannter Manier stets in einem ausgesuchten Umfeld abzubilden versuchte. Vor einigen Jahren wurde er vom Schleppervirus erfasst, von dem er sich bis heute nicht mehr lösen konnte und wollte. Seit 1987 hat er viele Beiträge in Hobby- und Fachzeitschriften sowie zahlreiche aufwendig recherchierte Bild/Textbände und Kalender zu den oben genannten Themenkreisen – auch im Heel-Verlag – veröffentlicht. Udo Paulitz ist verheiratet und lebt in Duisburg.

BIBLIOGRAPHIE

Michael Bach, Alle Traktoren von Lanz, Köln 2001

Armin Bauer, Hanomag-Schlepper, Stuttgart 1989

John Carroll, Traktoren der Welt, Stuttgart 2001

Der Schlepper im Rückblick, versch. Jahrgänge, Murrhardt 1994 ff.

Der Motor-Katalog Band 8, 100 Traktoren und Arbeitsgeräte verschiedene Jahrgänge, Gräfelfing/Alfeld 1950 ff.

Wolfgang H. Gebhardt, Taschenbuch deutscher Zugmaschinen, Stuttgart 1988

Wolfgang H. Gebhardt, Deutsche Raupenschlepper, Stuttgart 2000

Robert Geyer, Handbuch für Traktoren- und Landmaschinenfreunde Bd. 1-3, Limburg/Lahn 1993 ff.

Horst-Dieter Görg, Pulsschlag eines Werkes, 160 Jahre Hanomag, Hildesheim 1998

Kurt Häfner, Lanz, 5 Bde., Schwieberdingen/Köln/Stuttgart 1986-1994

Kurt Häfner, Legende Lanz-Bulldog, Frankfurt 1997

Kurt Häfner, Typenbuch Lanz-Bulldogs, Stuttgart 2002

Klaus Herrmann, Ackergiganten, Braunschweig 1991

Klaus Herrmann, Traktoren in Deutschland, Frankfurt 2000

Klaus Herrmann, Traktoren-Highlights, Frankfurt 2002

Horst Hintersdorf, Typenkompass DDR Landmaschinen u. Traktoren 1945-1990, Stuttgart 2002

Michael Inhet Panhuis, Schlepper und landwirtschaftliche Maschinen aus dem Ruhrgebiet, Obershagen 1995

Jahrbuch Traktoren, versch. Jahrgänge, Brilon 1997 ff.

Werner Kuhn, Schmalspurtraktoren, Brilon 2001

Udo Paulitz, Deutsche Traktoren 1920-1970, Königswinter 2001

Udo Paulitz, Hanomag-Traktoren, Brilon 2002

Friedbert Planker, Holder, Obershagen 2001

Frank Rönicke, Verdiente Aktivisten, Stuttgart 2002

Walter Sack, Alle Traktoren von Fahr und Güldner, Köln o.J.

Klaus Tietgens, Ritscher-Schlepper, Obershagen 1997

Wolfgang Wagner, Raupenschlepper, Brilon 2001

Im Übrigen sei auf die Literaturangaben in meinem Buch „Deutsche Traktoren" verwiesen.